地下水封洞库精细化三维地质模型的研究与应用

荆少东　著

中国建筑工业出版社

图书在版编目（CIP）数据

地下水封洞库精细化三维地质模型的研究与应用/
荆少东著. —北京：中国建筑工业出版社，2022.2
ISBN 978-7-112-27087-3

Ⅰ.①地… Ⅱ.①荆… Ⅲ.①地下储油-油库管理-
三维-地质模型-建立模型-研究 Ⅳ.①TE972

中国版本图书馆CIP数据核字（2022）第020373号

本书系统地介绍了三维地质建模的理论基础、技术方法及其分析应用。结合地下水封洞库的工程特点，提出新的建模方法，完成三维地质建模软件的功能开发，阐述三维地质建模工作流程，实现精细化建模，有效地应用于工程实践。通过三维地质建模典型实例的建立与剖析，证明该技术的研究对于油气工程建设具有重要意义。本书适用于从事三维地质建模工作的广大工程技术人员和科研人员。

责任编辑：高　悦　张　磊
责任校对：赵　菲

地下水封洞库精细化三维地质
模型的研究与应用

荆少东　著

*

中国建筑工业出版社出版、发行（北京海淀三里河路9号）
各地新华书店、建筑书店经销
唐山龙达图文制作有限公司制版
北京建筑工业印刷厂印刷

*

开本：787毫米×1092毫米　1/16　印张：7　字数：164千字
2022年1月第一版　　2022年1月第一次印刷
定价：**48.00**元

ISBN 978-7-112-27087-3
（38892）

前　　言

　　地下水封洞库具有安全、环保、低碳、节省建设用地、节省建设投资等优点，是具有高度战略安全的石油储备库，大规模建造地下水封洞库也是我国战略石油储备体系建设的重点发展方向。

　　地下水封洞库工程所处地区地质构造复杂、地质信息众多，给工程勘察、设计与施工等各方面带来了很大的困难。传统二维、静态的地质处理与分析方式已难以满足地质工程师和设计人员的实际需求，三维地质建模作为构筑工程数字化、可视化设计与施工的基础，受到广泛而密切的关注。

　　国内外的三维地质建模研究已发展出了一系列较为成熟的建模理论方法和建模软件，但其研究成果主要是面向油藏工程、水利水电工程等领域，在地下水封洞库工程领域的应用与实践基本没有。因此，以笔者为代表的项目团队，紧密依托实际工程，针对地下水封洞库工程地质情况及建模需求定向开发，具有独特性与普适性，研究成果在地下水封洞库工程及典型油气工程中得到应用与推广，改变了传统的工程地质制图和地质分析方式，为地下工程设计、施工及其管理提供支持。

　　本书系统地介绍了三维地质建模的理论基础、技术方法及其分析应用。结合地下水封洞库的工程特点，提出多源数据融合，阐述三维地质建模工作流程，阐明三维地质建模在地下水封洞库中的扩展应用，实现精细化建模，并针对软件形成建模指南，有效地应用于工程实践。

　　由于笔者水平有限，书中难免有不当和疏漏之处，敬请读者不吝斧正。

2021 年 12 月

目　　录

第1章
绪 论

1.1 地下水封洞库现状

随着经济的快速发展，我国石油消费量已仅次于美国，位居世界第二。然而国内原油地质储量及产量却远远不能满足国民经济需求，原油进口量逐年增加，2019年我国石油消耗量达到7.02亿t，对外依存度高达70.8%，远超过50%的"国际警戒线"，能源安全形势十分严峻，构建国家战略石油储备体系迫在眉睫。

地下水封洞库是指在地下水位以下的岩体中由人工挖掘形成的一定形状和容积的洞室中储存各种石油产品，大多数修建在坚硬且完整的岩体中，借助地下水或人工水幕的渗流作用，利用水、油不会相互溶合的原理，以及水、油之间的压力差，将石油封存在开挖的洞室之内。与其他储油方式相比，地下水封洞库具有占地少、库存规模大、安全性高和经济环保等突出优点，其作为一种重要的石油储备方式，已成为世界各国石油储备的首选方式。例如，美国战略储备油的70%以上、韩国战略储备油的80%以上以及北欧国家等多采用地下库储备。目前，世界数十个国家已建成200余座地下水封洞库，其设计理论及施工技术得以逐步完善。

因此，从保障国家能源安全、健全石油储备体系角度考虑，我国从20世纪70年代开始酝酿和筹备国家石油战略储备体系建设，由于当时各种技术条件的限制，只是探索性地建设了两座实验性质的储库量较小的石油库。如今，我国已重启战略石油储备基地的规划，该储备体系共划分为三期：第1期油库的储油量为1000万～1200万t；第2期与第3期油库的储油量均为2800万t。

地下水封洞库建设是一项复杂的系统工程，我国地下水封洞库的研究起步相对较晚，工程建设还处于探索阶段，在地下水封洞库勘察、设计和施工等方面虽已积累一定的经验，但仍有许多重要的理论及方法亟待探索、发展。

1.1.1 水封洞库发展历史

水封理论起源于人们对天然油气藏的认识，自然中的石油和天然气在未开采之前，就是贮藏在岩体内部的贯通裂隙内，被地下水或不透水层所包裹，见图1.1。根据油水互不相溶的原理形成了地下油气藏，包裹油气藏的地下水层就是自然形成的水幕系统。

水封理论的发展很大程度上得益于实践设计和运行经验。目前已知的应用领域有煤炭行业、水电站和油气储存等。在煤炭行业几十年使用密封巷道储存压缩空气的实践中，人们发现巷道处于饱和含水层中或充水围岩中可以有效阻止所储存气体的泄漏。另外在高瓦斯煤矿开采中，水封式巷道抽放瓦斯技术可以实现煤与瓦斯共采，有效解决了瓦斯治理难题，充分发挥了水力封存的作用。

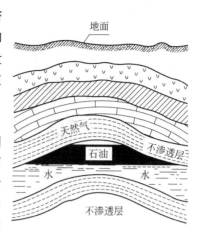

图 1.1　背斜油藏横剖面

20 世纪 70 年代，挪威专家提出了水电站气垫式调压室的概念。水电站气垫式调压室利用岩石壁面与水面所形成的封闭气室、依靠气体的压缩和膨胀特性来反射水锤波和抑制水位波动，确保电站的安全稳定运行。为了保证气垫式调压室的气密性、防止由于高压空气泄漏而失压，在存在裂隙的调压室围岩周围设置了水幕系统。从目前所掌握到的资料，共有 6 个电站的气垫式调压室设有水幕，其中，挪威 3 个，为 Kvilldal、Tafjord 和 Torpa。国内 3 个，为自一里、小天都和金康。挪威的 3 个电站的水幕设置情况不一样，Kvilldal 和 Tafjord 在原设计时并没有，只是在运行时出现了较大的漏气漏水量后才增加设计的。在设置前，Kvilldal 的漏气量达 240Nm/h，Tafjord 的漏气量为 150Nm/h，而 Torpa 则是因为调压室周围的裂隙水压力太小，不足气垫压力的 50%，因此，在设计阶段就进行了设置。通过设置水幕室，三个电站的气垫式调压室的漏气量基本为 0，效果非常好。国内的 3 个调压室在设计时都设置了水幕室。另外压缩空气能量贮存（CAES）也是水封理论在水电站的一个应用实例。

然而将水封理论推到另一个高度的是水封式地下储油和储气洞库的大规模建造。早在西班牙内战期间（1936~1939 年），瑞典政府为了安全储备军用和民用燃油，对石油储备方式提出了新的要求，储存方式从地上转移到了地下岩洞中。为了将燃油安全无泄漏地储存于地下，瑞典岩石力学和石油储备之父 Dr. Hageman（Tor Henrik Hageman）提出石油产品应该储存在处于水下的混凝土容器中，并于 1938 年申请了专利。第一次将水作为封存介质引入到地下石油存储，并预示着石油储存"瑞典法"的到来。1939 年瑞典人 Herman Jansson 申请了一项储油专利，其取消了之前常用的混凝土钢衬，石油直接存储在位于地下水位以下的不衬砌岩洞中。这就是后来著名的石油储存"瑞典法"。但是因为 Jansson 的储油原理过于简单，很少有人敢于应用，所以 10 年以后该方法才被用于实践。在这 10 年间最主流的方法是 20 世纪 40 年代普遍采用的 SENTAB 储罐，内部有混凝土钢衬的圆柱形储罐，其相比于最初建于地下岩洞中的自立式钢罐，可以更加有效地利用岩洞空间，并且可以采用更加薄的 4~8mm 钢板进行衬砌，但是因为建造条件的限制，每个单罐的容积都不大于 $10000m^3$。为了建造更大容积的储油库，瑞典皇家防御工事管理局（RSFA）建造了 Fort 储罐（Fort-Tank）：先开挖一条传统意义的隧道，然后采用钢板和混凝土对围岩进行衬砌。Fort 储罐最大的缺点是钢板腐蚀会造成很难定位和修复的泄漏。

1948 年在 Harbacka 由一座废弃的长石矿改造而成的储油库首次储油，标志着第一次将大量的石油储存在没有腐蚀和泄漏风险的地下非衬砌岩洞中（图 1.2）。1949 年另一位瑞典人 Harald Edholm 提出了类似的水封式储油的专利，并于 1951 年在 Stockholm 郊外的 Saltsjobaden 建造了容积为 $30m^3$ 的实验洞库。1951 年 6 月向洞库内注入 $17.6m^3$ 汽油，一直储存到 1956 年 6 月。实验结果表明没有汽油渗漏到围岩中，也没有出现汽油挥发泄漏，储存的汽油的品质没有发生任何改变。

1951 年以后水封式储油技术迅速发展，1952 年投入使用的建于 Gotaborg 的 SKF 所属的储油库，是非衬砌地下水封式储油洞库的第一次商业应用。实践证明"瑞典法"不仅可以用来建造战略性的防爆轰储库，而且在合适的水文地质条件下也是最经济的储油方法。20 世纪 60 年代到 70 年代中期是地下储油的繁盛期，期间出现了许多新技术用来满足不同油品的地下储存，既能储存原油、液化石油气，也能储存重油。另外潜水泵的出现也使得固定水床储油法得以实现。储油理论发展的同时岩土工程施工技术也在不断发展，

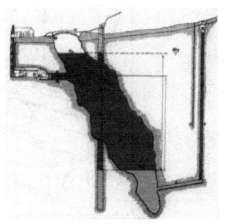

图 1.2　Harbacka 改造的储油库

这使得储油岩洞容积从最初 50 年代的 $10000 \sim 20000m^3$ 发展到 70 年代的几十万平方米。受 1973 年石油危机的影响，瑞典的石油需求量急剧下降，使得新建的储库都转向石油气和天然气的存储。

同期地下储油洞库在世界各国开始发展和建造，有建造于花岗岩和片麻岩中的储油岩洞，如法国、芬兰、挪威、瑞典、日本、韩国等；有利用巨厚的盐岩层建造大型盐穴储油库，如美国、加拿大、墨西哥、德国、法国等；还有利用废弃的矿井储存柴油或原油，如沙特、南非等。日本于 1986 年开始建造地下水封岩洞库，先后建成久慈、菊间、串木野 3 个地下储油岩洞，总容积达到 500 万 m^3。韩国建造原油地下储存库容积达 1830 万 m^3，2006 年底在韩国全罗南道丽水市建成了世界最大储量地下储油库，其石油总储量可达 4900 万桶。印度 2007 年底在 Visakhapatnam 建成了世界上最深的 LPG 储库，平均埋深 $-162m$，最深部分 $-196m$，总储量达 12 万 m^3。

我国于 1973 年在黄岛修建了国内第一座容积为 15 万 m^3 的地下水封式储油洞库。同期又在浙江象山建成了第一座地下成品油库，但容积仅为 4 万 m^3，储存 0 号和 32 号柴油（图 1.3）。

图 1.3 中两个比较大的洞室 1 就是储油的罐体。由于罐体较高，施工时自施工通道 2 入口又分一、二、三层三个支通道 3、4、5，以实现三层同步开挖，操作通道是为营运期间人进入操作间准备的，操作间 7 与竖井 8 相连，收发油管及抽水管自操作间竖井插入罐体，抽水管端设有潜水泵一直插入泵坑 9 之内，在竖井与操作间接口处要设置混凝土的密封塞，以防油气进入操作间，操作通道口部 12 有管路和道路与码头相连供收发油及交通所用。施工完毕，所有与罐体连接的施工通道口部均用很厚的混凝土墙密封，称为水封墙 10，装油前施工通道注满水。

21 世纪初在汕头、宁波建成了两个地下液化石油气（LPG）洞库，每座洞库的储量都超过 20 万 m^3。另外最近在建的还有两个 LPG 库，一个在广东珠海，另一个在山东黄岛。

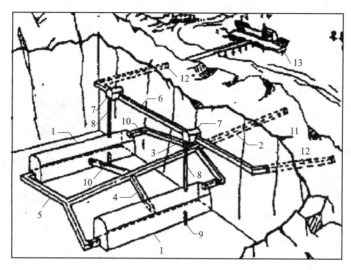

图 1.3　象山水封洞库透视图

1—罐体；2—施工通道；3—第一层施工通道；4—第二层施工通道；5—第三层施工通道；6—通道；
7—操作间；8—竖井；9—泵坑；10—水封墙；11—施工通道口；12—操作通道口；13—码头

1.1.2　水封洞库研究现状

　　地下水封洞库一般修建在岩性较好的岩层，或者注浆改善的岩体中，同时要有充足的地下水源，必要时通过人工水幕来提供防泄水压。这与天然气体运移形成油气藏正好背道而驰。在煤炭行业几十年使用密封巷道储存压缩空气的实践中，人们发现从围岩排出的水中气体的泄漏量很小，许多矿场开始将压缩空气储于充水的矿井中，有的矿井漏气量可减少近 10 倍，因而洞室处于饱和含水层中或充水岩层中可以阻止油气泄漏的认识逐渐得到人们的认可。

　　人工注水的方式可使地下储库围岩保持饱和状态，具体的注水形式很大程度由地质条件决定。大多数系统一般考虑在洞室周围修建一个包围的水封幕。水封幕是通过在地下洞室周围的钻孔中注水并渗入岩体中的空隙及裂隙而产生的。在 20 世纪 70 年代人们对世界上运行的地下储气库进行评估指出：在有水幕的情况下，储库没有发现气体泄漏，对于成功的储库来讲，储洞内的压力不能超过围岩中的水压力；而无水幕的储洞则出现泄漏情况。

　　日本在分析地下储洞理论方面也进行了一定的研究，并归结为两大部分，即洞室围岩的稳定分析和储油后水封渗流场的分析，并根据理论分析结果来修改设计。对于地下洞室围岩稳定分析一般采用有限元法，并根据计算结果来确定和调整洞室间的相互配置。水封设计一般采用地下水渗流解析方法进行，基本上是根据达西定律来研究地下水位的变动，并计算涌水量。

　　关于水封地下储库的设计和建造技术在 20 世纪七八十年代的北欧国家，如瑞典和挪威等，已经十分完善发达。同期我国投产了第一座水封油库——象山水封油库。崔京浩在1972～1976 年承担象山水封油库的研究与结构设计工作，研究并推求了适用于地下水封油库和软土水封油库的渗流量计算公式。

从以上国内外对于水封式储油洞库的研究内容和方法可以看出，目前对于水封洞库的研究主要分为三类：试验和理论分析、渗流场的研究、两场或多场耦合下的稳定性分析。

1.1.3 地下水封洞库原理

地下水封油库是修建在稳定地下水位以下的人工洞室，洞室内周围岩体需要保持一定的完整性和较好的坚硬程度，由于洞室围岩裂隙水头大于洞内油品及饱和蒸汽压力，保证了油品的安全储存（图 1.4）。当 $P_i + H > P_g + F + S$（单位以水头值表示）时就满足了基本的水封工况下的水头条件。

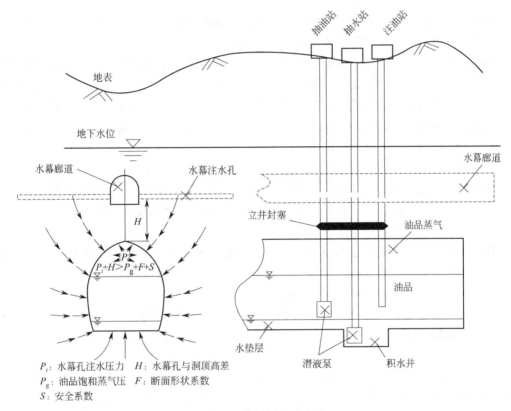

图 1.4 水封原理示意图

从理论上讲，裂隙地下水并不是必备的要素，水封式地下储库之所以要求有裂隙地下水的存在，是因为自然界的岩体中发育有裂隙，如果洞库所在岩体为一整块无裂隙岩石或者存在非贯通裂隙，开挖出的洞室本身就可以实现密闭，这种情况下裂隙地下水就是非必要的。也就是说，仅仅是由于岩体中发育有贯通裂隙，裂隙地下水才成为水封式地下储库所必须具备的要素，因此地下水和裂隙在水封式地下储库中的关系是"隙存水补"这样一种主从关系。

地下水在水封式地下储库中所起的作用具有双重性。一方面岩体内有裂隙发育，要想实现封闭就必须有地下水填充；另一方面，它越丰富，说明岩体越破碎，这不仅给洞库的稳定造成威胁，而且地下水与被储油品同为液体，它们之间很容易发生对流，以致造成油品流失和地下水污染，此外，如果地下水量很大，处理地下水注浆和排水又将增大工程量，而且还会使洞库的运营成本增加。

总的来说，对于水封洞库的整体建设，包括前期岩土工程勘察、工程设计等过程，无一例外，都是十分复杂的过程，要通过对围岩应力场和渗流场的控制来实现水封的有效性和储库的稳定性。而对围岩应力场和渗流场进行模拟分析的前提就是在了解库区工程地质背景的前提下，确定合理的围岩力学参数、洞库几何参数和库区水文地质参数。

1.2　三维地质模型在地下水封洞库中的应用

由于三维地层模型能直观、完整、准确地反映复杂地质构造和边界条件，对指导项目施工、规划项目发展、处理地下事故等方面作用显著。

现阶段国外的很多大型石油化工企业，例如沙特基础工业公司（SABIC）和壳牌公司（SHELL）等具有丰富的三维地质建模经验，而国内的石油化工企业三维地质建模起步较晚，近几年也开始陆续尝试建立三维地质模型，例如镇海炼化、中海壳牌、万华化学、茂名石化和天津渤化工程有限公司等多家工程公司和设计院也逐渐尝试将三维模型运用于工程项目中。

目前国内地下水封洞库数量稀少，地下水封洞库三维地质模型方面研究甚少。地下水封洞库工程所处地区地质构造复杂、地质信息众多，给工程勘察、设计与施工等各方面带来了很大的困难。传统二维、静态的地质处理与分析方式已难以满足地质工程师和设计人员的实际需求，三维地质建模作为构筑工程数字化、可视化设计与施工的基础，受到广泛而密切的关注。国内有人通过 GOCAD 软件，采用 DIS 插值法建立了某水封油库三维地质模型。根据库址区勘察资料，借助距离幂次反比插值模拟地层界面、生成地层界面模型，分析展示了各个地层的相对关系以及与洞库的交切关系。在地层分析、工程选址及勘测数据的反向验证等方面为地质勘查及工程建设提供了参考和依据。但是由于其数据有限和软件的局限性，模型的准确性和有效性不足，模型经过了简化，与实际地质情况存在一定差异。

国内三维建模软件虽然研发完善，但是由于三维地下空间的复杂性、地质主体与约束之间空间关系的复杂性、建模程序的复杂性等原因，使得应用于地下水封洞库的三维地质模型少之又少。

第 2 章
三维地质建模概述

2.1 三维地质建模

三维地质建模（3D Geological Modeling）又称为三维地学建模（3D Geoscience Modeling）、三维地质数字化建模等。实际上，从广义的角度，地学（Geoscience）是研究地理学（Geography）、地质学（Geology）、地球物理学（Geophysics）及大地测量学（Geodesy）等与地球相关学科的统称。而狭义化以后，统一界定为三维地质建模。三维地质建模是指在原始的地质勘探数据基础上，如地质点、钻孔、平硐、地球物理测量、航卫片、野外制图和地震剖面等，在地质工程师的专业知识和经验指导下经过一系列的解译、修正后，以适当的数据结构建立地质特征的数学模型，通过对实际地质实体对象的几何形态、拓扑信息（地质对象间的关系）和物性三个方面的计算机三维模拟，由这些对象的各种信息综合形成的一个复杂整体三维模型的过程。

三维地质建模技术是地球空间信息科学的重要组成部分，是地质理论与计算机三维可视化技术有机结合的产物，是在三维的环境下运用地质统计学、空间信息管理技术、空间分析和预测技术进行地质体的三维空间构造，并对其进行地质解释的技术。建立三维地质模型需要综合包括地球物理、地质学、油藏工程、数学、计算机图形学等学科的技术手段，还要通过多种途径来获取建立模型所需的地质参数和数据，综合考虑数据的特点建立一个能被各学科的专家所认可的模型，从而达到工程应用的目的。

三维地质模型是一种能反映地质构造形态、模型各要素之间的关系以及地质体空间特性等地质特征的几何模型，需要利用适当的数据结构在计算机中进行建立。三维地质模型能够直观地表达出地质体的构造形态、物理性质参数在三维空间中的分布规律等信息，因此可以通过对三维地质模型的研究来得到地质体的信息。

2.2 三维地质建模国内外研究现状

2.2.1 三维地质建模国外研究现状

三维地学建模（3D Geoscience Modeling）的概念最早是由加拿大学者 Houlding 于1994 年提出，即在三维环境下将原始的地质勘探数据进行解译、修正，并以适当的数据结构建立地质特征的数学模型，通过计算机对地质实体几何形态、空间关系和地质属性进行模拟的过程。法国的 Mallet 提出了离散光滑插值（DSI，Discrete Smooth Interpolation）技术，通过有限的空间点集来表达实体表面形状，具有能够自动调整网格模型等优点，该技术标志着三维建模技术中地质曲面技术得到了突破。

Fisher 提出了采用非均匀有理 B 样条（NURBS，Non-uniformrational B-splines）技术的三维实体建模方法。Courrioux 等人基于 Voronoi 图，提出了地质对象的三维体元重构方法。

发达国家三维地质建模的相关研究开展较早，20 世纪 60 年代以后，伴随着地理信息系统的出现，逐步形成了地质建模和地形可视化的概念，目前在理论研究、软件开发和实际应用等方面发展已较为成熟。三维地质建模技术需要灵活使用经典数学方法和地质统计学方法，借助计算机设备的计算能力，开展对地质、物探、测井、钻井等多学科信息的综合处理和分析。长期以来，三维地质建模及其信息可视化的研究一直受到各国科学家的重视，并从 20 世纪 90 年代开始迅速地发展起来。

在诸多研究中，国外学者在三维地质体建模和可视化研究方面已取得一些重要的成果，三维地质建模（3D Geological Modeling）的概念最早由加拿大的学者 Simon W. H. 于 1993 年提出，Christian J. T. 在《3D Geosciences Modeling》一书中，针对有限的地质钻孔数据和当前地层分布的特性，对实现地质三维可视化的一些基本方法和技术做了相当详细的阐述，其中包括三角网（TIN）的生成方法、TIN 面模型的构建方法、三维地质体边界的连接和圈定等。书中阐明了三维地质建模可广泛应用于矿产资源评估、油藏资源评估、污染物评估、隧道设计等相关领域。书中对三维地质建模的相关理论研究代表了当时的最高研究水平，确定了未来三维地质建模及其信息可视化研究的进一步发展方向。

Carlson E. 在 1987 年提出的三维地下空间结构的网络边界概念模型，从几何数学的角度出发，提出了将地质体体元作为三维模型的最小基础，地质体体元由点、线和三角形等最基本的结构构成，而地下空间模型则由最基本结构通过几何关系叠加而成，该模型的提出为分析处理不规则三维地质模型的边界问题提供了一个很好的解决思路，在后来的研究中得到了广泛的认可和应用。

1989 年，Bak 和 Mill 等学者针对不同地质状况和不同领域的需求，对地学信息的三维表示方法和三维模型进行了思路拓展，提出了基于表面三角形格网建模和线性八叉树建模的三维地质模型，用于不同地质对象的三维地质建模和可视化。

1989 年，Mallet 教授针对地质体结构的复杂特性和传统插值方法的不足，提出了著名的离散光滑插值法（DSI，Discrete Smooth Interpolation），该方法类似于解微分方程的有限元，通过建立计算网格节点上的最优解的目标函数，将原始采样数据转化成定义在一些节点上的线性约束，从而使相关节点的值尽可能地平滑和逼近采样数据。离散光滑插值方法的提出标志着三维复杂的地质曲面技术取得突破性的进展，在国际上得到了极大的重视，已被成功运用于地质学领域。

随后，Carl Y 和 Molenaar M. 等人在离散光滑插值法的基础上对空间数据的模型与结构、数据的三维可视化、三维矢量化地图的数据结构等方面进行了大量的深入研究，极大程度地推动了三维地质建模理论的发展。

历经 2009～2012 年 4 年时间，英国地质调查局（British Geological Survey，BGS）完成了一项全国性的覆盖地表以下深度 1.5～6.0km 的三维地质模型，并实现了底层地质结构的可视化效果，将三维地质模型数据在全国范围内进行共享，一部分具有使用权限的用户可采用可视化形式进行开发和利用。这些研究极大地推动了三维地质建模理论上的发展。

由于国外的理论研究开始较早，因此在三维地质建模的软件平台方面，随着对相应理论基础研究的不断深入以及计算机技术的迅速发展，三维地质建模信息可视化软件系统的研发也得到了前所未有的发展。国外的一些技术公司与高校积极寻求合作，在行业内出现了较多成熟的三维地学信息可视化软件，这些软件经过几年甚至十几年的开发和技术沉淀，紧跟行业需求及时进行软件功能更新，基本代表了当前地质勘测领域的最高水平。下面列举一些比较著名的三维地质建模及可视化系统和软件。

（1）计算机辅助 3D 矿产信息系统。三维模型技术最早可追溯到 20 世纪 70 年代初期，欧美地质学家基于二维平面图和横、纵剖面图形提取了三维数据坐标，用类似于当今 AutoCAD 三维建模的方式构造出了简单的三维线框模型，该模型主要应用于地下矿山的三维地质建模，功能十分简单，可视化程度较低，但该系统的出现为后来的基于平面图和剖面图的三维地质实体建模提供了一个清晰的思路，目前很多研究仍然以此为其建模的核心方法，具有十分重要的开创意义。

（2）GOCAD 综合地质及储层三维建模软件。20 世纪 80 年代，随着科学技术的不断进步，基于表面建模的 3D GMS 软件开始大量涌现。GOCAD（Geological Object Computer Aided Design）是法国 Nancy 大学开发的主要应用于地质方面的三维可视化建模软件。得益于 Mallet J. L. 教授提出的"离散光滑插值技术"，该软件非常适合于极为复杂地质条件下构造模型的建立，并提供了丰富的属性模型建模算法。目前 GOCAD 已实现高水平的半智能化建模，采用工作流和模块化的建模方式，用户只需提供相应参数和回答流程问题即可顺利完成模型的创建，极大地缩短了模型的创建和可视化的时间，广泛应用于地质建模、地球物理勘探、矿业开发和水利工程，它将对象细分为点、线、面、体等不同的对象，通过建立不同的对象来完成构建一个统一的三维地质模型。GOCAD 软件具有三维建模、可视化、地质解译和分析的强大功能，它既可以进行表面建模，又可以进行体建模，既可以进行空间建模，也可以进行属性建模，是国际公认的一流三维地质建模软件。

（3）LYNX 三维地质建模软件。LYNX 软件是加拿大阿波罗科技集团公司在 20 世纪 90 年代初推出的一款产品，主要面向矿产资源勘探。此软件将地质体的面模型和体模型进行融合，以实现对复杂地质体的构造描述。其主要特点是可对当前地质体进行统计和分析，较早地实现了地质模型信息化的管理方式，极大地方便了模型的可视化操作。但受当时计算机性能的限制，该系统只能用于基于工作站环境下的 UNIX 操作系统。

（4）Earth Vision 三维地质建模软件。Earth Vision 软件，是美国 DGI（Dynamic Graphics INC.）公司开发的一款用于三维模型构建、分析和可视化的工具，在保证精准程度的同时可以非常快速地建立包括地表、横截面、储存特性、储量分析的复杂三维地质模型，并能及时地对模型进行修正和更新，在参数化的构造建模和复杂断块处理（正、逆断层）方面颇有独到之处，可用于建立油田的三维地质构造模型和属性模型，绘制精确描述层位面与断层几何形态的构造图，绘制与三维空间一致的剖面图，精确计算油田石油储量，准确认识油田的储油层特征，调整井位的最佳布置，获得最佳布置效果。

（5）Petrel 地质建模软件。Petrel 是斯伦贝谢公司的软件产品，是一套目前国际上占主导地位的基于 Windows 平台的三维可视化建模软件，它集地震解释、构造建模、岩相建模、油藏属性建模和油藏数值模拟显示及虚拟现实于一体。同时，Petrel 应用了各种先进技术：强大的构造建模技术、高精度的三维网格化技术、确定性和随机性沉积相模型建立技术、科学的岩石物理建模技术、先进的三维计算机可视化和虚拟现实技术。

（6）EVS（Earth Volumetric Studio）建模系统。EVS 是应用于地球科学领域的 3D 建模软件，基于数据驱动，采用拖拽式功能模块，具有数据可视化及模型动态更新的特点，能较好地满足地质建模的需求。可与 ArcGIS、Revit 等软件进行数据交互，进而建立地上、地下一体化实景模型，实现三维地质模型对不同来源、不同维度、不同类型、不同精度的地质数据的无缝整合与同化。

综上所述，国外的三维地质建模软件在接近 40 年的发展过程中，经历了从孕育阶段到发展阶段再到成熟阶段三个过程，目前的软件在产品的稳定性、建模的精准性和功能的丰富性上均处于国际领先水平，广泛应用于石油开采，地质勘探、工程规划等专业领域。但针对我国的国情来说，这些软件并不能满足国内对于工程地质的需求，原因是：①软件大多数都为全英文操作界面，没有进行汉化，且操作习惯也不符合国内用户的使用习惯；②软件开发难度大，开发周期长，软件授权费和使用费一般在 50 万～120 万元人民币，十分高昂；③软件核心技术不对外开放，出现问题只能寻求软件公司；④对硬件要求比较高。因此，为满足我国当前工程地质专业领域的需求，开发功能完善且具有我国完全自主知识产权的三维地质建模软件显得尤为重要。

2.2.2 三维地质建模国内研究现状

国内在三维地质建模方面的研究相比于发达国家起步较晚，并且由于我国幅员辽阔，地质情况本身复杂且多样，很多三维地质数据模型尚处于探索和尝试阶段，尤其是在隧道工程中，地质建模和可视化技术的应用仍然尚未普及。近年来，伴随着 BIM 技术的应用和大力推广，三维地质建模越来越受到我国工程地质界的重视，国内专家和学者在吸收国外先进技术的基础之上，加强了可视化软件的开发工作，但与三维地质建模和信息可视化的实际应用相比，在理论研究和软件开发的整体层面上还处于一个相对较低的水平，针对地下构造可能出现的断层、褶皱和尖灭等特殊地质状况，很难利用一种数据模型解决地质领域中的地层构造并在此之上进行分析操作，在隧道工程方面的应用则更少。目前，经过很多高校和研究单位的不懈努力，在三维地质建模及可视化的理论体系方面也取得了一定的成果。

2001 年，柴贺军、黄地龙、黄润秋等将人机交互技术、计算机图像处理技术和工程地质信息管理技术与大型水电工程相结合，研制开发了关于岩体结构的三维可视化模型系统，极大程度地拓展了人们对复杂岩体结构空间的认识。在后期的研究过程中，其针对大型矿山岩土工程开发了相应的矿山岩土工程三维可视化模型系统，以对矿山岩土工程进行分析和评价。

同年，朱小弟、李青元、曹代勇等提出了基于 OpenGL 的"切片合成法"，其主要原理是将三维地质模型等间距切割成薄片并利用 OpenGL 的帧缓存技术来实现三维地质模型可视化。切片合成法的提出在极大程度上避免了裁剪平面与三角面片的繁杂操作，具有很大的实用价值。

2005 年，钟登华、刘奎建、吴康新提出了一种公路隧道三维模型建立的方法。该方法将公路隧道拆分成地形地质模型、隧道结构模型和辅助设施构造模型三个部分，在使用不同的建模方法对各部分实体分别进行建模之后，将三维地物模型与地质地形模型相匹配以实现良好的工程面貌三维可视化效果，具有很好的应用价值。

2006 年，金森、赵永辉、谢雄耀采用 OpenGL 并结合 VB 编程实现了隧道的三维可视化监测系统，重点对隧道的三维可视化显示与任意视角位置显示，隧道的漫游以及其他重要的三维交互功能进行了实现。

2007 年，朱良峰、任开蕾、潘信等人采用模型剖切、虚拟钻孔、隧道漫游等虚拟可视化技术，提出了一种基于三维地质建模与交互技术下隧道的生成和模拟开挖的方法，通过此思想方法可以得到指定空间位置的隧道围岩物理力学特性与分布规律。

三维地质建模软件在我国起步较晚，直到 20 世纪 90 年代中期才有学者逐渐涉足这方面的研究工作，美国 DGI 公司 Earth Vision 建模软件的引入标志着我国三维地质建模在软件方面的研究正式拉开序幕。近年来，随着国家对工程地质领域的不断重视以及勘探技术、信息技术、计算机科学技术的飞速发展，国内也出现了一些比较有影响的三维地质建模软件。

（1）MapGIS。MapGIS 软件由武汉中地数码公司和中国地质大学信息工程学院联合开发，MapGIS 的问世直接性地解决了我国地理地质测绘人员手工绘图耗时长、精度低、易丢失的痛点问题，中国地质调查局在前期采用该软件平台对城市地下结构进行了三维地质建模和可视化的相关工作。同时该软件对其三维地质建模模块 MapGIS K9进行持续优化，目前已融合大数据、物联网、云计算和人工智能等先进技术，具有很好的应用前景。

（2）DeepInsight（深探）。DeepInsight 软件由北京网格天地公司研发，该软件主要针对油藏勘测领域，在油藏描述、地质曲面构造与断层褶皱等方面有着独一无二的处理技术，在国内油田的成功应用也结束了国外软件垄断我国油气勘探的局面。

（3）3DMine 矿业信息化软件。3DMine 矿业信息化软件由北京 3DMine 矿业软件科技有限公司开发，重点服务于矿山三维地质建模、测量、储量估算的三维软件系统平台。其采用 AutoCAD 进行辅助设计，实现了二维与三维的完美结合，同时数据兼容性极强，操作界面设计合理，易学易用。

（4）Creatar（超维创想）三维地学软件。Creatar 由超维创想技术公司和北京大学地质信息系统实验室联合开发，已成功地应用在了城市三维地质建模领域，目前正在朝着岩土工程勘查、矿产资源储量评价等方向发展。

（5）GeoMo3D。由东北大学测绘遥感与数字矿山研究所与中国矿业大学开发，GeoMo3D 拥有完全的自主产权，在快速准确地实现三维空间建模的同时还可以便捷地进行三维模型的空间查询与分析。该软件界面友好，操作逻辑清晰，十分适合国人使用，目前已成功地应用在了矿山勘测规划、城市地质规划、水利工程建设、岩土工程建设等领域。

　　总体来说，由于种种原因的限制，国内三维地质建模软件的研究工作相比于国外发达国家起步较晚，国内的高校和公司等开发的一系列三维地质建模软件在产品的稳定性、可靠性和适用性上都低于国外相关软件。近十几年来，国内相关研究人员通过不懈努力，已经对三维地质建模有了较为深入的理解，建模体系日趋完善，建模软件发展势头良好。当今社会不断发展进步，也对三维地质建模软件提出了更高的要求，如何依据已有的多元地质数据准确快速地构建复杂地质条件下的三维地质模型是当前待研究和解决的问题。

第3章
三维地质建模技术方法

3.1 三维地质建模技术

3.1.1 三维地质模型空间数据模型

三维地质模型常由点、线、面、块体、三角网等构成，地质信息由它们进行表达，根据几何特征可以将空间数据模型分为基于面模型、体模型和混合模型三大类，见表 3.1。

主要三维空间数据模型分类　　　　　　　　　　　　表 3.1

面模型	体模型		混合模型
	规则体模型	不规则体模型	
不规则三角网	实体模型	四面体格网模型	不规则三角网＋结构实体模型
格网模型	体素模型	三棱柱模型	不规则三角网＋八叉树模型
边界表示模型	八叉树模型	广义三棱柱模型	线框＋块体模型
线框模型	针体模型	地质细胞模型	八叉树＋四面体格网模型
断面模型	块段模型	不规则块体模型	结构实体＋八叉树模型
断面三角网模型	结构实体模型	实体模型	不规则三角网＋四面体格网模型
多层 DEMs 模型		3D-Voronoi 图	矢量与栅格集成面向对象
		体元拓扑模型	

基于面模型的建模方法侧重于 3D 空间实体的表面表示，如地形表面、地质层面等，通过表面表示形成 3D 目标的空间轮廓，其优点是便于显示和数据更新，不足之处是难以进行空间分析。基于体模型的建模方法侧重于 3D 空间实体的边界与内部的整体表示，如地层、矿体、水体、建筑物等，通过对体的描述实现 3D 目标的空间表示，优点是易于进行空间操作和分析，但存储空间大，计算速度慢。混合模型的目的则是综合面模型和体模型的优点，以及综合规则体元与不规则体元的优点，取长补短。

（1）基于面模型

基于面的建模是指在构造三维实体过程中，采用一系列三角面片描述实体的轮廓或表明面构成的看似许多线框围成的完整实体表面，并增加了有关面边、环边的信息及表面特征等内容，其实质是由系列的三角面片构成的实体表面，是用有向边围成的部分来定义表面，由面的集合来定义实体。这类数据模型侧重于三维空间表面表示，如地形表面、断层、地质体表面等，所模拟的表面可能是非封闭的，也可能是封闭的。其中，传统网格划分和三角网格划分的区别就在于传统网格划分是将地质体划分成为许多矩形单元结构，而三角网格划分则是将地质体划分成三角体的单元结构。遵循 Delaunay 规则形成的三角网格一般都是不规则的三角形，但却是连续的。过大的网格单元中间部分容易由于点之间直接均匀过渡，忽略其中可能存在的特殊地质构造，使模型太过粗糙；过小的网格单元又会加大工作量，使工作太繁杂。

基于采样点的 TIN 模型和基于数据内插的 Grid 模型通常用于非封闭表面模拟；而边界表示模型（B-Rep）和线框模型（Wire Frame）通常用于封闭表面或外部轮廓模拟。Section 模型、Section-TIN 混合模型及多层 DEM 模型通常用于地质建模。通过表面表示形成三维空间目标轮廓，其优点是便于显示和数据更新，不足之处是，由于缺少三维几何描述和内部属性记录而难以进行三维空间查询与分析。

1）TIN 和 Grid 建模。有多种技术可以用来表达表面，如等高线模型、Grid 模型、TIN 模型等，最常用的表面建模技术是基于实际采样点构造 TIN。TIN 方法将一组离散点剖分为连续但不重叠的不规则三角形面片，进而表示三维物体的表面，如图 3.1 所示。TIN 模型的特点是能够根据数据点的疏密表达不同精度的物体表面，例如使用 TIN 模型构建三维地形表面，在高程起伏大的区域使用小而密的三角形模拟，而在平坦区域使用较大的三角形来表达，通过尽量少的三角形数目实现了较高精度的地形模拟。TIN 模型结构固定，能够较好地表示三角形之间的拓扑关系，TIN 可以比较精确地表达边界。因此，TIN 是一种比较理想的表达三维表面的方法，在构建数字高程模型（DEM，Digital Elevation Model）、三维物体表面的可视化和空间数据转换等方面具有广泛的应用。

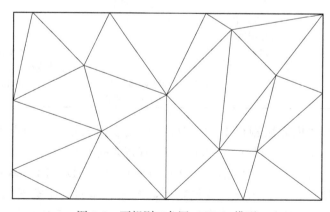

图 3.1　不规则三角网（TIN）模型

Grid 模型则是将表面划分成规则的格网，每个格网点上有一个对应的属性值，如高程。当原始数据点不规则分布时，需对其进行插值处理，以得到格网点的值。Grid 模型考虑到采样密度和分布的非均质性，经内插处理后形成规则的平面分割网络。Grid 模型的一个明显的缺点是难以精确表达边界与多值面。这两种表面模型一般用于地形表面建模、层状矿床建模。

2) 边界表示 (B-Rep, Boundary Representation) 建模。边界表示模型是一种分级结构数据模型，如图 3.2 所示。在三维地质建模中，边界表示以地质体边界作为基础，通过点、线、面来表示地质体的位置和形状。例如一个长方体由 6 个面围成，对应有 6 个环，每个环由 4 条边界定，每条边又由两个端点定义。边界表示模型十分详细地记录了地质体中所有基本几何元素之间的相互关系信息，从而可以形成复杂的地质体。边界表示模型的优点详细记录了组成三维地质体对象的所有几何元素的几何信息及其相互连接关系，以便直接存取构成形体的各个面、面的边界及各个顶点的定义参数，有利于以面、边、点为基础的各种几何运算和操作，对简单的三维地质体描述效果很好，缺点则是拓扑关系较为复杂，在表达不规则的复杂地质体的时候精度较差，缺乏对三维地质体内部信息的描述。

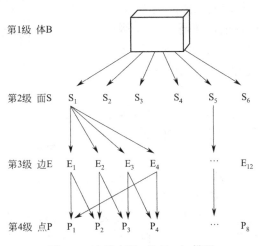

图 3.2 边界表示 (B-Rep) 模型

3) 线框 (Wire Frame) 建模。线框建模技术是把目标空间轮廓上两两相邻的采样点或特征点用直线连接起来，形成一系列多边形，然后将这些多边形面拼接起来形成一个多边形网格，以模拟地质边界或开挖边界的建模方法，如图 3.3 所示。使用线框模型建模的步骤可大致分为以下四步，分别是预处理原始数据、构建线框模型、构建地层模型和组织实体模型。线框模型的优点是构建过程和数据结构十分简

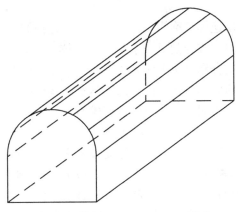

图 3.3 线框 (Wire Frame) 模型

单，易于绘制，数据存储少，响应速度快，因而对计算机配置要求较低；缺点则是不适合有太多棱线的复杂图形建模。

4）断面（Section）建模。断面建模技术实质是传统地质制图方法的计算机实现，即通过平面图或剖面图来描述矿床，记录地质信息。其特点是将三维问题二维化，简化了程序设计；同时在地质描述上也是最方便、实用性最强的一种建模技术。但它在矿床的表达上是不完整的，断面建模难以完整表达三维矿床及其内部结构，往往需要通过其他建模方法配合使用，同时由于采用的是非原始数据而存在误差，其建模精度一般难以满足工程要求。

5）断面-三角网混合（Section-TIN mixed）建模。在二维的地质剖面上，主要描述的信息是一系列表示不同地层边界或者有特殊意义的地质界限（如断层、矿体或侵入体的边界），每条界线都被赋予了一个属性值，而断面-三角网模型就是将具有相同地质属性的相邻断面地层边界线采用某种特定的三角面片连接准则进行连接以表达三维曲面，如图 3.4 所示。采用断面-三角网的构模方式可以很清楚地反应地质体之间的形态和空间分布，但是不能很好地表达三维地质体的内部结构。

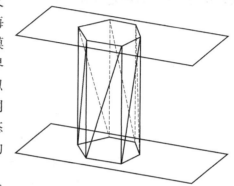

图 3.4　断面-三角网（Section-TIN）模型

6）多层 DEM 建模。多层 DEM 模型是基于多层 DEM（Digital Elevation Model，数字高程模型）的三维地质模型，其基本思想就是依据钻孔采样点从地表到地下依次建立地层分界面或矿体与围岩分界面的 DEM，然后对相邻的属于同一地层或矿体的 DEM 分别进行缝合处理以达到对地层模型的构建。多层 DEM 建模的基本步骤大致可大致分为三个过程：①根据资料获得各个地层分界面采样点信息并进行分层划片处理；②通过插值和拟合形成无拓扑关系的地层层面；③对多层 DEM 进行相交划分处理形成三维地层模型框架。采用该数据模型的优点是建模过程层次清晰、灵活性大、表达精度高、便于可视化，能正确地表达底层分界面，缺点是难以表述地质体的内部信息，在地质体较为复杂的情况下，尤其是地下采样点疏松时，表面模型的建模效果比较粗糙。

（2）基于体模型

基于体模型的三维地质建模又称为实体建模，实体建模的主要思想是对三维地质实体进行分割，通过将三维地质实体分割成一系列的小块体（体元），然后按照一定的拓扑关系将这些小块体重新进行集合和拼接工作来实现对三维地质模型的表达。体元作为实体建模的基本单元，含有三维地质体的体属性信息，是实体建模的核心基础，可根据实际需要选择合适的基本单元来建立不同的实体空间数据模型。体模型可以按体元的面数分为四面体（Tetrahedral）、六面体（Hexahedral）、棱柱体（Prismatic）和多面体（Polyhedral）等类型，也可以根据体元的规整性分为规则体元和不规则体元两大类。规则体元包括结构实体几何（CSG）、三维体素（Voxel）、八叉树（Octree）、针体（Needle）和规则块体（Regular Block）共 5 种模型。规则体元通常用于水体、污染和环境问题建模，其中 Voxel、Octree 建模是种无采样约束的面向场物质（如重力场、磁场）的连续空间的标准分割法，Needle 和 Regular Block 可用于简单地质建模。不规则体元包括四面体（TEN）、金字塔（Pyramid）、三棱柱（TP，Tri-Prism）、地质细胞（Geocelluar）、不规则块体（Irregular Block）、实体（Solid）、3D Voronoi 和广义三棱柱（GTP）共 8 种模型。不规则体模型是有采样约束的、基于地质地层界面和地质构造的面向实体的三维模型。下面介绍几种常用的实体建模方法。

1）规则块体（Regular Block）建模。规则块体建模技术是把要建模的空间分割成规则的三维立方网格，成为块体，每个块体在计算机中的存储地址与其在自然床中的位置相对应，每个块体被视为均质同性体，由克里金法、距离加权平均法或其他方法确定其品位或岩性参数值。该模型用于属性渐变的三维空间（如浸染状金属矿体）建模很有效，缺点是描述矿体边界误差大，尤其是对复杂矿体的描述。对于有边界约束的沉积地层、地质构造和开挖空间的建模则必须不断降低单元尺寸，从而引起数据急速膨胀。解决方式是只在边界域进行局部的单元细化。

2）结构实体几何（CSG）建模。首先预定义一些形状规则的基本体元，如立方体、圆柱体、球体、圆锥及封闭样条曲面等，这些体元之间可以进行几何变换和布尔操作（并、交、差），由这些规则的基本体元通过操作来组合成一个物体。生成的三维物体可以用 CSG 树表示。CSG 建模在描述结构简单的三维物体时十分有效，但对于复杂不规则的三维地物，尤其是地质体则很不方便，且效率大大降低。

3）三维体素（Voxel）建模。三维体素（Voxel）模型是在二维格栅模型的基础上演变延伸而来，将三维几何体分割成包含地质块体属性的大小一致的正方体体元，其属性值为 0 和 1，0 表示空，1 表示被物体占据，如图 3.5 所示。通过计算机对三维体元的数据结构进行分析，将每个格栅的位置与其在计算机中的存储地址相对应后，按照一定的拓扑关系将所有的体元进行组合连接来完成三维地质模型的构造。

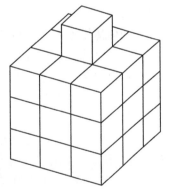

图 3.5　三维体素模型

对于三维格网模型而言，由于其组成单元比较标准，因此该模型的优点为数据结构设计简单，能十分详细地对三维地质体内部任意点的属性进行表达，模型分析方便快捷。缺点是模型不够精确，数据量大，当提高模型分辨率的时候，数据量将呈 2^3 提高，并且不能较好地反应地质体之间的空间关系。

4）八叉树（Octree）建模。八叉树模型是为了克服三维格栅模型中等边长正方体数据量大的弊端而提出的一种空间数据模型，用于描述三维空间树状数据结构，之后发展成为线性八叉树模型，如图 3.6 所示。该方法的主要思想是使用分层树结构对三维实体进行分级描述，具体做法是将空间中的三维地质体区域平均分为 8 个小立方体，每个小立方体都可能有三种属性，即全部含对象物质（属性值为 1），全部含非对象物质（属性值为 W），部分含对象物质。如果立方体中每一个体元的地质属性都相同，则不再分解，若属性不一致，则继续将该立方体细分为 8 个更小的立方体，直到立方体中每一个地质体元的属性值一致为止。

由于八叉树模型的最小表达单元是正方体，因而其主要的优点是结构简单，数据查找方便，有利于对三维地质体数据进行空间分析，非常适合表达规则形态下的地质体。缺点

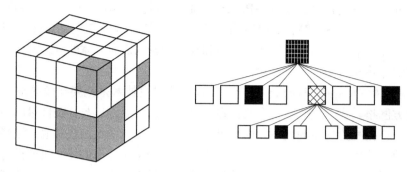

图 3.6　八叉树模型

是几何变换比较困难，尤其是在空间剖分的时候，算法十分复杂且数据计算量大，不利于表达不规则形态下的地质体。

5）四面体网格（TEN）建模。四面体模型是二维中不规则三角网模型（TIN）向三维的扩展，因此四面体体元模型的构模方法与三角格网模型建模方法类似，其数据结构模型是一个三维矢量，主要原理是首先将空间三维地质体剖分形成的一系列相邻但不重叠的不规则小四面体作为组成空间数据模型的最小实体体元，之后再按照小四面体的邻接拓扑关系组合成最终的三维实体模型。TEN 中包含四个基本元素，分别是点、弧、三角形和四面体，他们之间的关系是点属于弧、弧属于三角形、三角形属于四面体。

四面体体模型的主要优点是：①体元结构简洁，拓扑关系清晰，实体模型精度高；②不仅可以表达三维空间实体的表面形态，同时也可清晰地展现三维空间数据体的内部结构；③可以快速地进行几何变换和空间拓扑关系的处理；④可以高效地进行三维插值运算和方便地实现可视化操作；⑤同时适合规则地质体和不规则复杂地质体的三维建模。但是该方法的缺点也十分显著，主要是：①数据量大，在地层剖分的过程中容易造成大量的数据冗余；②四面体的生成算法复杂，耗时久；③由于该模型没有考虑三维地质体的表面形态，因此难以表达空间三维曲面。

6）广义三棱柱（GTP）建模。广义三棱柱模型是在三棱柱（TP）模型的基础上发展而来，GTP 模型由两个上下不一定平行的平面上的三角形和三个侧面四边形组成基本的空间体元，如图 3.7(a) 所示，在利用 GTP 进行地层建模时，不同的地层面由上下平面

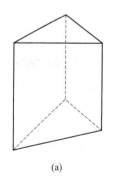

(a)

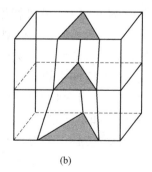

(b)

图 3.7　GTP 模型基本空间体元及构建原理图

（a）GTP 模型基本空间体元；（b）GTP 模型构建原理图

上的三角形集合来表示，层面间的相邻关系通过侧面四边形来描述，而层与层之间的内部实体则由 GTP 基本体元来表达，如图 3.7(b) 表示。

GTP 模型的特点是充分结合钻孔数据，利用钻孔数据的不同分层来模拟地层的分层实体，并表达地层面的形态。基于点、TIN 边、侧边、TIN 面、侧面和 GTP 定义了 8 组拓扑关系，可以方便地实现空间邻接和空间邻近查询与分析。而且，GTP 数据结构易于扩充，当有新的钻孔数据加入时，只需要在局部修改 TIN 的生成，以及 GTP 的生成，而不需要改变整体的结构，这样使得 GTP 的局部细化与动态维护很方便。GTP 模型具有以下优点：①三维空间体元数据冗余小，存储效率较高；②三维空间模型具有开放性和拓扑描述性。而 GTP 模型的不足之处在于模型缺乏地质对象之间的拓扑描述，同时模型主要针对钻孔数据而设计。

7) 不规则块体（Irregular Block）建模。不规则块体与规则块体的区别在于规则块体 3 个方向的尺度（a、b、c）互不相等，但保持常数，而非规则块体 3 个方向上的尺度（a、b、c）不仅互不相等，且不为常数。不规则块体建模法的优势是可以根据地层空间界面的实际变化进行模拟。可以提高空间建模的精度。

8) 实体（Solid）建模。该法采用多边形网格来精确描述地质和开挖边界，同时采用传统的块体模型来独立地描述形体内部的属性变化，从而既可以保证边界建模的精度，又可以简化体内属性表达和体积计算。实体建模适合具有复杂内部结构（如复杂断层、褶皱和节理等精细地质结构）的建模，其主要优点是：①用剖面来建模不但符合地质工作的方式，而且可使建模者对现有资料进行解释和推断；②不但可以精确地表达各种不规则地质体的几何形态，而且可以描述地质体的属性；③地质体几何模型容易修改；④适用于裁决工程边界的表达。缺点是：①缺乏对各种不同复杂程度地质体之间及地质体几何元素之间必要拓扑关系的描述，从而使相邻地质体的边界不得不重复数字化，地质边界、地质界面和地质体的查询，以及地质对象的空间分析无法进行；②人机交互工作量巨大。

9) 3D Voronoi 图模型。3D Voronoi 图模型是 2D Voronoi 图的三维扩展，其实质是基于一组离散采样点在约束空间内形成一组面-面相邻而互不交叉（重叠）的多面体，用该组多面体完成对目标空间的无缝分割。该模型最早起源于计算机图形学领域，近年来，人们开始研究其在地学领域应用的可行性，试图在海洋、污染、水体及金属矿体建模方面得到应用。

（3）混合建模

由于自然界中实际地质现象情况下的复杂性和不确定性，采用单一的表面建模或实体建模很难准确且有效地对三维地质体的边界或地质体内部的属性进行表达，所以，近年来国内外众多学者的研究工作主要集中在混合模型的处理和算法分析方面。混合三维模型就是在面模型或体模型的基础上，根据不同空间数据建模的要求，采用面模型和体模型的不同组合方式来构建三维地质体，组合方式主要包括一种面模型和一种体模型的组合，两种面模型的组合或两者体模型的组合等。一般是利用一组数据文件形式来存储几何空间数据和拓扑关系数据，利用通用的关系数据库管理系统的关系表来存储属性数据，通过唯一的标识符来建立它们之间的关联、访问和运算。集成数据模型旨在发挥不同数据模型的优点，把它们集成起来，实现三维空间实体的存储和处理。这是一种纯关系型的数据模型，其空间数据与属性数据都存储在关系数据库的表中。混合三维模型能够充分利用不同的单一模型所具有的优点，取长补短，从而实现对三维地质现象的有效和完整的表达。

目前常用的混合建模方法有如下几种：①不规则三角网和结构几何实体（TIN-CSG）混合模型；②线框模型和块模型（Wire Frame-Block）混合建模；③不规则三角网和八叉树（TIN-Octree）混合建模；④八叉树和四面体（Octree-TEN）混合建模；⑤格网和三角网（Grid-TIN）混合建模；⑥广义三棱柱-四面体（GTP-TEN）混合建模。

1）TIN-CSG 混合建模。这是当前城市 3D GIS 和 3DCM（3D City Modeling）建模的主要方式，即以 TIN 模型表示地形表面，以 CSG 模型表示城市建筑物，两种模型的数据是分开存储的。为了实现 TIN 与 CSG 的集成，在 TIN 模型的形成过程中将建筑物的地面轮廓作为内部约束，同时把 CSG 模型中的建筑物编号作为 TIN 模型中建筑物的地面轮廓多边形的属性，并且将两种模型集成在一个用户界面上。这种集成是一种表面上的集成方式，一个目标只由一个模型来表示，然后通过公共边界来连接，因此其操作与显示都是分开进行的。

2）Wire Frame-Block 混合建模。以 Wire Frame 模型表达目标轮廓、地质或开挖边界，以 Block 模型填充其内部。为提高边界区域的模拟精度，可以按某种规则对 Block 进行细分，如以 Wire Frame 的三角面与 Block 体的截割角度为准确定 Block 的细分次数（每次沿一个方向或多个方向将尺寸减半）。该模型使用效率不高，每一次开挖或地质边界的变化都要进一步分割块体，即修改一次模型。

3）TIN-Octree 混合建模。以 TIN 表达三维空间地质体的表面，以 Octree 表达空间地质体的内部结构。通过指针建立 TIN 和 Ootree 之间的关系。其中 TIN 主要用于可视化与拓扑关系表达，Octree 主要用于三维地质体的三维操作与分析。这种模型集中了 TIN 和 Octree 的优点，可以十分方便地对地质体体元之间空间的拓扑关系进行搜索和查询，并结合三维可视化技术来减少数据量的大小，比较适合于不规则三维地质体的建模。缺点是模型的编辑和数据的查询比较复杂，导致数据和拓扑关系难以维护，Octree 的数据必须和 TIN 数据保持同步更新，否则将会出现指针混乱的情况。

4）Octree-TEN 混合建模。以 Octree 作整体描述，以 TEN 作局部描述。随着空间分辨率的提高，Octree 模型的数据量将呈几何级数增加，且八叉树模型始终只是一个近似表示，原始采样数据一般也不保留。而 TEN 模型可以保存原始观测数据，具有精确表示目标和表示较为复杂的空间拓扑关系的能力。对于一些特殊领域，如地质、海洋、石油、大气等，单一的 Octree 或 TEN 模型是很难满足需要的，例如在描述具有断层的地质构造时，断层两边的地质属性往往是不同的，需要精确描述。因此，综合两者优点建立 Octree-TEN 混合模型。虽然该混合模型可以解决地质体中断层或结构面等复杂情况的建模问题，但空间实体间的拓扑关系不易建立。

5）Grid-TIN 混合建模。在基于面元表示模型的建模方法中介绍了格网模型，其特点是数据结构简单，应用方便，但精度不高，同时在地势平坦的区域容易产生数据冗余，而 TIN 模型由于直接利用原始数据重构地表，在保留精度的同时也不会存在数据冗余的问题，但是存在数据结构复杂不便于应用分析的缺点。因此，采用规则格网附加特征数据的方式进行大范围的建模，如图 3.8 所示。Grid-TIN 混合数字模型尤其适合于具有断层等复杂地形特征的数字表面模型的建模，可以达到全局高效、局部完美效果，但是也存在数据结构复杂且管理不便的缺点。

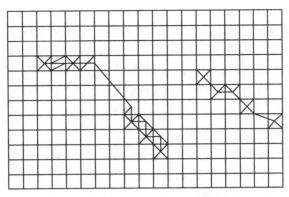

图 3.8　Grid-TIN 混合模型

6）GTP-TEN 混合建模。将四面体作为一种新的几何元素引入 GTP 模型中，利用 GTP 首先进行地层形态描述。再用四面体进行 GTP 和实体内部的几何与属性描述。任意一个地质体都可以由一个或有限个 GTP 组成。任意一个 GTP 都可以剖分为三个四面体，剖分原则为：以 GTP 上某节点为起点，作三条首尾相连（但不封闭）的、通过 GTP 侧面的对角线，可将 GTP 划分为三个四面体。

3.1.2　三维地质模型构建方法

三维地质建模的数据源的类型有很多种，每一种数据源的特点也不尽相同。钻孔数据反映出在单点位置上的地层详细划分细节。剖面数据反映出了区域的地层结构框架特征。地层顶板等值线数据主要由测量点和钻孔分层数据追踪而来，包含了地质专家的知识，反映了单个地层面的起伏形态；断裂和褶皱等构造数据主要来源于地球物理的解释数据，可信度不高。根据选择的数据源的不同，可以将三维地质建模方法分为以下几种。

（1）以钻孔数据为主的建模

以钻孔数据为主的建模是在工程地质领域使用较早也比较成熟的建模方法。在工程地质勘查中，钻孔是使用最为广泛的一种勘探手段，钻孔数据是地质建模最直接、最可靠的数据，可以最直观、准确、详细地反映三维地质信息，具体包含钻孔的横纵坐标、孔口标高、钻孔深度、钻孔的地层分层、钻孔的取样信息、钻孔原位测试数据和室内样品测试数据等。但钻孔数据的获取成本较高，在一定的研究区域内往往只能获得有限数目的钻孔资料，这就需要最大限度地利用这些数据所蕴含的信息量，尽可能多地加入专家的经验与解释，构建相对精确的地层模型。另外，从钻孔资料揭示出来的地层分层参数只在该钻孔范围（孔直径）内有效，各个钻孔之间并无相应的关联参数。但可以利用多种方法来计算、估计各个钻孔之间的参数。

本建模方法一般采用 TIN 面表示，该方法对类似沉积型的简单地层建模很有效，但是对含断层、透镜体及岩溶比较发育的地区，就不太适用了。具体建模流程如下。

1）选择钻孔，提取钻孔数据。对于特定的建模区域，可能会有数目众多的钻孔，这些钻孔能够提供的信息包括各个钻孔的位置（地理坐标）、钻孔的类型及地层的分层信息等。这些信息虽然繁多但相对规整，可以存贮在数据库中，形成特定区域的钻孔属性资料库以备重复使用。当用户构建研究区的三维地层模型时，首先可筛选研究区一定数目的钻孔，然后从钻孔数据库中提取各个钻孔的地层分层信息作为建模的原始数据，供下面的各个建模步骤使用。

2）分析建模区地层分布规律，获取标准化地层。地层分布规律，是指地层分布的总体特点及其大地构造属性（或称其形成的大地构造背景）。可通过分析测井曲线组合样式进行测井对比，并细分岩性单元。同时采用反射双目显微镜对录井钻屑（取样间隔为50m）进行沉积学分析。最后综合应用测井曲线解释结果和钻屑分析结果，将沉积层序精细划分为层组；借助 Excel、Petrel 及 Surfer 等软件，分别确定了单套层组和整个沉积地层的空间分布，由此可确定研究区内的地层分布区。

3）建模区域整体地层编号。地层的一个显著特征在于它的呈"层"性，属于同一个"层"的地层具有大体一致的沉积时代和物理力学指标，在某种程度上可以看作是同一类型的物质。钻孔数据的分层信息是对上下相邻地层的接触面的描述，能够揭示地层在钻孔位置处的竖向分布状况。将研究区钻孔所揭示的全部地层按照地层沉积顺序进行编号，生成一个涵盖建模区域全部地层的"区域地层层序表"，以备后续建模使用。在工程地质标准地层层序划分约定俗成的习惯做法是"从新到老，逐层递增"，将最新的地层编号为1，然后按照地层年代逐渐递增。

4）对钻孔地层层面进行编号。将研究区钻孔中的各个地层与"区域地层层序表"相对照，确定钻孔中各个地层层面的序号，该钻孔中不存在的地层要忽略掉。编号规则是：自上至下，从 0 开始，即钻孔最顶端地层层面（地表面）的序号为 0，用钻孔中每个地层在"区域地层层序表"中对应的编号来指定钻孔中该地层下底面的地层层面的编号。另外，对最终建模结果没有影响的、无意义的小层，在钻孔地层层面编号时可用－1 表示，实际建模时不予理会。

5）定义"主 TIN"（Primary TIN）。所谓"主 TIN"，是指以钻孔孔口坐标为基准，结合建模区域边界条件，采用标准的三角网加密算法加密后生成的一个三角网。"主TIN"不仅定义了待构建的三维地层模型的外边界，还能够表达建模区域各个地层层面的拓扑关系。"主 TIN"可以看作是确定建模区域地层拓扑关系的一个"模板"，它可以沿着钻孔深度自上而下推延至建模区域的全部地层。这样可以保证各个地层层面具有确定的、上下一致的拓扑关系，能够极大地简化后续处理的复杂度，增强算法的稳健性。

6）相邻钻孔剖面编辑。实践表明，单纯地采用钻孔数据构建三维地层模型有时可能无法取得令人满意的效果，特别是对地层在钻孔间变化比较复杂的情况，因为"钻孔-层面模型方法"是利用插值推断三维地层模型未知区域属性的，插值的结果依赖于选用的插值方法、已知点的多少与分布情况等，但通常与某个特定地层相关的钻孔控制点数量较少，同时控制点的分布也比较零散，可能无法利用现有的插值方法生成与实际地层分布情况相吻合或令人满意的模型。需要补充额外的虚拟地层层面控制点控制后续的插值结果。

7）对地层层面高程进行插值。分别提取各个地层层面的控制点高程信息（包括钻孔数据库中的数据和剖面图中的控制点数据），然后利用这些点插值获取"主 TIN"上各个未知点的高程值：如果"主 TIN"上的点与钻孔的坐标（指二维平面坐标）一致，则该点的高程不需要插值，直接与钻孔所揭示的地层控制点高程一致。对于在特定钻孔中缺失的地层，可采用两种处理方法（即"钻孔处尖灭"和"钻孔间尖灭"）分别处理。在进行插值时，可采用的算法有反距离加权法、自然邻近点法、克里金插值法等，这些算法简捷实用，具有一定的外推能力，应用效果良好。另外，需要注意到各个地层的 TIN 面都具有和第一层 TIN 面相同的拓扑关系，这可以极大地简化插值的时间复杂度。

8）地层层面相交处理。经过第 7）步插值处理后的 TIN 面可能会出现上下地层层面交叉的情况，这需要进行地层层面相交处理来消除。在上下地层层面求交的时候，由于第 5）步所定义的"主 TIN"具有上下严格一致的拓扑关系，导致每个 TIN 面中特定位置的三角形只能与另一个 TIN 中对应位置的三角形相交。本来 TIN 面求交运算是相当耗时的，但利用这个特性可大大减少 TIN 面求交的时间复杂度。另外，在上下两个层面的三角形相交时，会在原来的"主 TIN"基础上增加新的地层控制点。由于这些点存在于原"主 TIN"中三角形的边上，所以可以采用简单的线性内插算法计算新增点的高程值。

9）调整地层高程。经过地层层面相交处理后的"主 TIN"可能会出现本应位于下部的地层上的点的高程却高于其上面地层的情况，这需要调整地层高程，强行将其拉回到与其上一层相等的高程上。这一工作是通过比较"主 TIN"中各个地层层面对应的点来完成的。对于特定的地层层面上的特定点（其高程值为 Z），可检索到其上一地层 TIN 面上的对应点 TriPnt-1 的高程值 $Z1-1$，如果 $Z > Z-1$，必须将 Z 重新赋值为 $Z-1$，这样才能保证上下地层 TIN 面层序关系的一致性。

10）构建三维地层模型。前面已经完成了生成各地层层面三角网的工作，现在只需要将上下相邻地层层面的三角网在竖向上"缝合"起来，即可以构成完整的三维地层实体模型。这是一个相对简单的过程，只需以顶层（或底层）TIN 中的一个三角形为起点，然后循环处理各个地层及各个地层 TIN 面上的所有三角形即可完成。三维地层模型创建之后，建模者可以观察模型是否与预想的结果一致，如果模型不合要求，可以返回到第 5）步调整"TIN"或第 6）步编辑钻孔剖面图重新进行相应的处理。

（2）以断面数据为主的建模

断面数据和钻孔数据一样，也十分重要。前期，由于断面数据比较复杂，基于断面数据的建模研究相对较少。近几年，这种方法逐渐成为研究热点和解决复杂地质建模问题的突破口。

剖面图断面数据的种类很多，具体有钻孔剖面图、野外区域地质调查成果剖面图、物探解释剖面图等几种。剖面图数据描述剖面线下的地层、断层等分布规律特征及其相互关系。剖面数据一般以交叉网状或似平行状为主，网格分布一般较钻孔稀疏。斜断面一般是模型分析得到的结果。中段图反映某一深度的地质体分区规律；平面地质图数据表示地层结构、断层结构的规律和相互拓扑关系。一般用等值线表达地层信息、断层线或点表达断层空间信息。

剖面建模主要是利用相邻的剖面地层关系进行曲面构模，将侧面与地层面缝合形成地质块体。平面剖面法的建模相对成熟，但是人工对应地层的工作量较大。因为交叉剖面可以形成建模区域的整体框架，在框架内可以继续约束其他的数据源进行多源数据建模。

1）钻孔剖面图生成。钻孔剖面图的生成规则是先连大层，再连小层，最后按地层尖灭的顺序来生成钻孔剖面图，对于较深钻孔底部的一个或多个地层，如果相邻的钻孔未钻穿该地层，则对该地层采用外推方式，外推距离以图上距离 1cm 为准。

剖面数据通过相邻的两个或多个钻孔，能够提供比钻孔数据更多、更详细的地层分层信息，将地质剖面图中的信息加入建模过程将会取得更好的效果。实际建模时，可以选取相邻的两个或多个钻孔，编辑修改钻孔间各个地层分界线上的点，并对地层分界线上新加入的点进行编号，以利于后续插值时提取地层上的点。在剖面编辑时，建模者可以手工勾绘钻孔间的剖面线，这些剖面是结合其他勘探成果及专家知识经验解释的结果，能够反映两个钻孔间地层的细微变化，增强建模结果的精细与精确程度。

在对于基于主 TIN 的三维地层模型建模及多源数据三维地质结构建模中，需要添加剖面约束信息时一般可以将地层界面信息离散为地层界面的控制点信息，但是在这个过程中就会出现地层界面的多 Z（垂直于 X、Y 平面方向）值问题，地层界面的多 Z 值问题一般由断层和褶皱两种地质构造产生。解决方法可以在地层界面控制点信息中添加剖面号、在地层界面上的顺序及控制点类型。

2）剖面图交互式编辑。对于系统生成的钻孔剖面图或已有的实测剖面，用户都可以使用交互式的剖面编辑器来修改剖面数据，修改后的结果可以直接参与三维地质结构建模。

在三维环境下，系统处理的对象除了原来二维问题域中的点、线、面外，还增加了体对象。剖面建模技术通过一系列平面图或剖面图来描述地层并记录信息，其特点是将三维问题二维化，便于地质描述，从而简化模型的设计和程序的编制。在基于剖面的多源数据一体化三维建模中，要解决的难点主要是断层问题、轮廓区域对应问题、交叉剖面问题。剖面数据生成之后，利用剖面数据生成三维实体的表面数据，在进行三维数据生成的过程中，由于三维空间实体之间可能存在相邻关系，会产生公共表面的问题。不管采用何种存储策略，体对象之间的公共表面在数据上应完全一致。

经典的基于轮廓线的连接算法可以通过两条轮廓线连接生成体表，但在多个体相邻时，该算法不能确保相邻表面部分在数据上的一致性的问题。另外，在对两个多边形进行面的连接时，重要的是确定从哪一条弧段开始连接。一个简单的策略是在两个多边形中根据弧段属性找出可以确定唯一对应的两条弧段，并记下它们在各自多边形数组中的下标，然后再依次取出下一条弧段进行连接（假定弧段的存放顺序相同）。至于两条弧段之间的连接，只要确定弧段上点的顺序相同（同为正方向或负方向），然后将点按顺序连接成三角形即可。

（3）以多源地质数据约束的建模

因为单个数据源描绘的信息及数据量毕竟有限，会导致建立的地质模型的多解性。基于地质、地球物理、地球化学、遥感、钻探等多源数据的三维地质模型精度高，能更有效地反映地质主体的三维空间特征，如图 3.9 所示。

综合地震勘探、高密度电法、钻孔电视成像、波速试验等工程地球物理勘探手段和原位钻孔试验，以及压水试验、脉冲试验等水文地质试验成果，对地下空间的地层结构、地质构造特征及岩体渗透性空间分布规律可实现精细化描述。以多源三维空间的地质数据为基础，通过多源地质数据融合技术，将地质数据在平台上进行集成，从而建立精细化三维地质模型。其中多源数据集成包含：面向数据源的集成和面向对象的集成。前者是直接面向原始建模数据源的集成，从数据存储、处理和显示上实现了统一管理；后者是现实到概念世界的转换。

综合现有的建模方法，目前还没有哪一类方法能够完全满足所有数据的建模的需要，现有的建模方法存在的主要问题在于：建模方法对数据的限制很大，如基于剖面数据通常

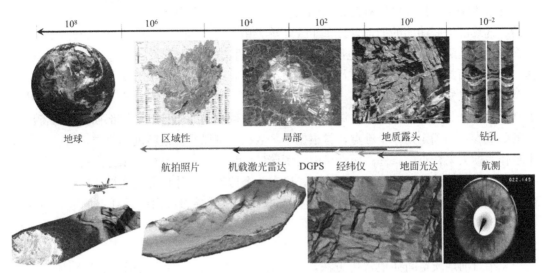

图 3.9 3D 空间多尺度地理信息特征和不同的数据采集技术

采用断面构模法，但是同时要求剖面数据是不交叉的，对于网格状分布的剖面数据就不适用了。但事实上无论是何种类型的数据，它们都从不同的方面表达了同一个地质体的空间、物理、化学等方面的性质，在建模时，如果能充分综合运用这些特点和优势，则可以很大程度上降低模型的多解性。为此，在进行三维地质建模时，一个比较实际的思路是结合多源地质数据与多方法结合进行地质模型的构建。

3.1.3 地质空间插值法

三维地质模型的构建首先需要部分已知采集点的钻孔数据，根据采集点的分布可以将采集数据分为规则的和不规则的。规则分布的数据便于地质图件的绘制，而实际应用中，实际生产获得的大多数原始数据并不是沿规则网格分布的，而是随机的。因此，在复杂地质体的快速建模过程中，需要进行大量的地质空间插值计算，并且地质空间插值计算从一定程度上也决定了复杂地质体的建模效率和准确性。比如，地质界面的模拟、块体品位的计算、矿体表面的生成、钻孔样品的正则化处理等是三维地质建模的核心工作，地质空间插值是进行这些计算的重要基础。地质空间插值是根据已有的采样点（Sampling Point）的空间数据、属性数据及其空间分布规律，采用一定的插值算法，推算未知空间点（或称待插值点，Interpolated Point）的属性值的过程。

地质空间插值是复杂地质体快速构建的核心算法，广泛应用于地质空间曲面的生成（例如数字地面、地层面、断层面、矿体表面等）以及地质体内部大量的属性值估算（例如品位、渗透率等）中，无论是对基于面元还是基于体元表达的地质体三维模型的构建都是非常重要的，其插值计算的速度和精确度直接决定了地质体三维模型的构建效率。根据已知点和未知点的空间位置范围，主要有内插和外推两种形式：空间内插是根据已知点的数据插值计算同一区域的未知点数值，例如，生成 DEM 时，一般是根据不规则三角网与待插值网格结点的位置和邻近关系采用局部 IDW 插值计算 DEM 高程的；而空间外推算法是通过已知区域的数据来推求其他区域数据，比如矿体建模中的边界外推等。

根据利用已知点的空间分布范围，地质空间插值可以分为整体插值和局部插值两类。

整体插值方法是使用全区所有已知点的数据计算待插值点的数值，计算量大，主要用于宏观的、连续的空间曲面的插值，比如 DAM 等。由于整体插值使用了所有已知点的数据，而在地质体实际建模中，不同地层的数据的地质语义是截然不同的，另外在断层、透镜体、不整合面等构造限制下，进行整体插值显然不合理。局部插值方法是使用待插值点邻域范围内的已知点进行插值计算。与整体插值相比，局部插值计算量小，计算结果的精度更高，很适合具有整体连续性、局部差异性的地质数据的插值计算。局部插值中与待插值点的邻域参数的确定是一个难点，常根据全区数据范围以及插值精度的要求，给一个邻域半径作为搜索采样点的条件；而在矿山资源储量估算中，一般是根据采样点的空间分布特征，通过地质统计分析矿体的空间形态，确定一个搜索椭球体作为空间插值的邻域，只有落在邻域范围内的采样点才参与对待插值点的计算，如果邻域内的采样点的数目不够充分，还需要扩大搜索椭球体的范围，以保证有足够多的采样点进行插值计算，提高空间插值的准确性。

总结目前地质空间插值常用方法，主要有：线性插值、多项式插值、反距离加权法（IDW，Inverse Distance Weight）、趋势面插值、离散光滑插值（DSI，Discrete Smooth Interpolation）和克里金插值（Kriging）等。本节将详细讨论这几种常用的地质空间插值方法。

（1）线性插值

在不规则三角网 TIN 结构中，求解已知位置处的高程值（即根据待插值点的 x、y 坐标来算出此点的 z 坐标），一般做法是首先确定此点所在的三角形，从而确定了一个平面，继而求出内插点的高程值。这里最简单的算法是线性插值法。设所求的函数为：

$$z = a_0 + a_1 x + a_2 y$$

其中，待定参数 a_0，a_1，a_2 可以根据三个已知的参考点，如 $P_1(x_1, y_1, z_1)$，$P_2(x_2, y_2, z_2)$，$P_3(x_3, y_3, z_3)$ 求得，计算公式为：

$$\begin{bmatrix} a_0 \\ a_1 \\ a_2 \end{bmatrix} = \begin{bmatrix} 1 & x_1 & y_1 \\ 1 & x_2 & y_2 \\ 1 & x_3 & y_3 \end{bmatrix}^{-1} \begin{bmatrix} z_1 \\ z_2 \\ z_3 \end{bmatrix}$$

线性插值法的计算速度快，实现容易，但是将空间曲面认为是平面的三角形面片的组合显然会造成棱角的现象，所以线性插值算法只是在插值要求不太高的情况下使用。

（2）反距离加权法

反距离加权法（IDW，Inverse Distance Weight）的基本思想是：与已知点的距离越近，则受该点的影响越大。它实质是以已知点到待插值点的距离的 n 次幂的倒数为权，通过加权平均计算未知点的属性值。例如，在计算待定点的高程值时，也可以使用 IDW 法。其要领是给定一个搜索半径，或给定一个最近点个数阈值 n，搜索在待插点的半径范围内的所有参考点或者搜索离待插点最近的 n 个点，赋给每个参考点以权重，计算加权平均值作为待插点的高程。这种加权平均法的数学表达式为：

$$Z_p = \frac{\sum_{i=1}^{n}(c_i Z_i)}{\sum_{i=1}^{n} c_i}$$

其中，Z_p 为待定点 P 的高程值，n 为参考点的个数，Z_i 是第 i 个参考点的高程值，

C_i 为第 i 个参考点的权重。如果设定

$$C_i = \frac{1}{d_i^2},$$

$$d_i = \sqrt{(x_p - x_i)^2 + (y_p - y_i)^2}$$

即为平方距离反比法。IDW 法计算待定点的高程值比较简单，它考虑到了参考点对待定点的不同影响，实际操作时主要要确定待插点的最小邻域范围以确保有足够的参考点，其次就是要如何确定各参考点的权重。

距离反比加权插值法综合了泰森多边形的邻近点法和多元回归法的渐变方法的长处，可以进行确切的或者圆滑的方式插值，而且算法简单，易于实现。该方法的不足是没有考虑数据场在空间的分布，往往会因为采样点的分布不均而使得估值结果产生偏差，如果不了解研究区域的分布特征，不合理的加权会导致较大的偏差，所以只是一种纯几何的加权法。另外，由于插值结果肯定介于估值区域的实测最大值和最小值之间，当实测数据漏测区域为最大值、最小值时，该法也会漏估其最大值、最小值。用这种插值结果绘出的等值线，平滑美观，但与实际有出入。

（3）离散光滑插值

离散光滑插值方法（DSI，Discrete Smooth Interpolation），它是法国 Nancy 大学 J. L. Mallet 于 1992 年发明的，是三维地质建模软件 GOCAD 的核心专利技术。DSI 插值方法针对复杂的地质构造建模及设计，可以对地质空间对象的结点的物性参数、空间位置等进行插值。DSI 插值方法针对离散化的地质体模型，假设能够建立相互之间具有完备空间拓扑关系的网络，并且网络上的结点满足一定的约束条件，则可以通过解线性方程插值计算未知结点上的值（图 3.10）。DSI 插值方法与其他的插值方法相比，它不以空间坐标为参数，而是基于网络结点之间的拓扑关系，由已知结点的函数值估计未知结点的函数值，而与地质数据的维数无关。

设 S 是一个具有完备空间拓扑关系的网格（例如四面体网格，TIN 等），Ω 是 S 上所有网格结点的集合，G 是 S 上所有网格单元的集合。N（k）是 Ω 的结点 k 的邻域，它是 Ω 的子集，包含 Ω 中到结点 k 的距离小于 S_k 步的结点的集合。函数 φ 是定义在 Ω 上的某种或几种函数，φ 可以是定义在结点的某维坐标，也可以是像密度、品位等某个物理性质。

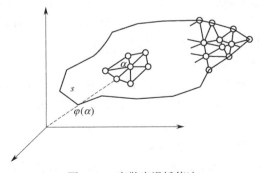

图 3.10　离散光滑插值法

如果 S 上的两个结点是相邻的，则定义在这两个结点上的函数值之间就存在一定的关系。当函数 φ 在 S 的某些结点上的值为知己时，则与这些结点邻近的其他未知结点上的 φ 值可以由这些已知结点的 φ 值估计出来。

（4）克里金插值法

Kriging 插值法，又称空间自协方差最佳插值法，由南非金矿工程师 D G Krige 提出，最早用于矿产资源储量估算；后来由 G Matheron 系统研究并以 Krige 的名字命名该方法。它不仅考虑观测点和波估计点的相对位置，而且还考虑了各观测点之间的相对位置关系，是一种最优、线性或非线性、无偏内插估值方法。

Kriging 插值法可以分为两步：第一步是对地质空间进行结构分析，也就是说，在充分了解研究空间的性质的前提下，提出变差函数模型；第二步是在该模型的基础上进行克里金计算。计算变差函数是克里金插值法的核心问题。由于变差函数既可以反映变量的空间结构特性，又可以反应变量的随机分布特性，所以利用克里金方法进行空间数据插值，往往可以取得理想的效果。另外，通过设计变差函数，Kriging 插值方法对于数据插值很容易实现局部加权插值，这样就克服了一般距离加权插值方法插值结果的不稳定性。最近几年来，克里金技术的理论和应用得到了前所未有的蓬勃发展，除普通 Kriging 方法外，还有泛克立格法（Universal Kriging）、指示克立格法（Indicate Kriging），离析克立格法（Disjunctive Kriging）等。另外，在 Kriging 方法基本原理的基础上，发展了协克立格法（Cokriging），它通过考虑一个以上变量及变量之间的关系而优化估计。目前，Kriging 插值法已成功应用于采矿、林业、农业、水文、环境保护、地质、石油勘探等领域；但 Kriging 插值方法计算量很大，计算速度比较慢。

3.2 基于三维地质模型的工程地质分析建模

建立三维地质模型的目的是更加准确快速地进行工程地质分析，进而为工程设计和施工建设服务。三维地质模型能够全方位、动态地显示（旋转、平移、放大、缩小等），并采用"层次化"和"即用即得"操作方式，可按需要显示单个地质体，在一定程度上能够表达地质实体的整体轮廓、空间位置关系及其厚度属性等信息。然而，这些并未完全满足研究复杂地质条件对工程影响分析的需要，地质工程师和设计施工人员需要在此模型的基础上能够获得更多对工程建筑物设计和施工有用的地质信息和操作，真正能够做到对工程优化设计与快速施工提供有效的技术支持。在实现三维地质建模的基础上根据实际需要进行水利水电工程地质分析主要包含以下几点内容。

（1）岩体质量可视化分级建模

岩体质量分级是评价岩体工程地质条件的重要手段，其目的是为查明各级岩体的工程特性提供基础，达到为工程设计提供定量指标，并起到工程地质专业与设计专业间交流和沟通的桥梁作用。因此根据工程区岩体结构特征和岩级分类原则，基于所建立的三维地质模型，按岩体质量分级类别构建相应的三维岩级模型，可使工程师更加直观地理解岩体好坏情况，并指导工程设计。岩体质量分级三维模型也将是地质分析的重要对象。

（2）三维模型的任意剖切工程分析

对于整个工程区域内的地质条件往往难以全局把握，地质工程师需要对地质体各个不同剖面方向的地质特征进行综合研究与多角度认识，而设计人员则希望能够准确直观地看到主要构筑物附近的岩体质量情况。

任意剖切工程地质分析可以实现对三维地质模型和岩级分类模型的任意方向、任意位置、任意深度的实时剖切分析，可使不同专业的工作者都能观察到地质实体内部结构、空间特征和变化规律，并能直观理解岩体质量对工程的影响状况。此外，目前工程师们大多更习惯于查看和利用二维CAD图，而传统绘图过程，效率极低，而且还无法适应设计人员的变化，所以在获得三维剖切图的基础上自动高效地生成规范的二维CAD图就显得非常必要。

工程地质剖面图分析主要包括地质横剖面图、纵剖面图、平切面图、斜切及曲面切等剖切分析，基于三维地质模型能够很方便地进行各种剖切分析，其运算操作的理论基础是布尔切割算法，主要是剖切面与三维实体间的切割操作。

（3）工程地质分析与优化设计

通过集成众多勘察信息而构建的地质模型，对工程所处位置的地质情况和岩体质量进行认真分析，并可对其进行方案比选，调整设计，获得更优的设计方案。同时，对工程的地基岩体进行充分的地质稳定条件分析，可避免由于地质问题产生的工程毁坏事故。而且，对于地下工程施工开挖，基于所建立的三维地质模型，利用反馈信息不断修改更新，可为地下工程施工提供宏观的地质预测，提高实际施工效率。

1）工程设计与工程地质分析。工程设计中与地质条件紧密相关的部位就是建基面。对于不同的建基面设计方案比选，其工程地质条件和处理措施对比分析是关键的一环。基于三维地质模型或岩级分类模型，可对大坝建基面工程地质条件采用如下分析，为其方案选择提供有力的依据。

2）建基面开挖与基础处理分析。主要以三维岩体质量分级模型为基础展开的。针对不同的建基面设计方案，首先根据二维设计图进行建基面的三维建模，然后与岩级模型作布尔差切割运算，即可直观可靠地获得各个方案的建基岩体质量的初步评价。进一步将各方案的基础处理措施转化为可视化的三维模型，并与岩级模型进行整合，从而可进行更进一步的剖切分析与岩体质量对比评价。

3）与工程相关的剖切分析。在上述工作的基础上，可进行一系列设计人员所需要的地质剖切分析，如建基轴线剖切分析、半径向剖切分析、基础处理横剖或平切分析等，完全视工程实际需求而定。对于不同的工程建筑物，需要进行分析的重点部位会有所不同，如大坝建设，重力坝重点在于坝基地质条件对稳定的影响，因其坝肩容易满足要求，但拱坝对坝肩的地质条件要求非常严格，要进行重点分析。

在工程地质研究中，所有的地质勘探和分析计算工作都是为工程的设计和施工指导服务，为工程建筑物的合理性和安全性提供基础数据，因此不能脱离工程去分析研究纯粹的地质体或地质现象。工程的处理多与工程区地质条件和岩体质量有着密切的关系，因此针对工程进行地质填挖处理分析，不仅可以清楚地认识工程所处的具体岩体条件和处理措施效果，而且可通过对不同的工程类型和建筑方案提供地质方面的决策依据，优化工程设计。

（4）地下工程地质分析

地下工程地质分析、优化设计与快速施工。地下工程主要是指深入地面以下为开发利用地下空间资源所建造的地下土木工程，包括地下房屋和地下构筑物、地下铁道、公路隧道、水下隧道、地下共同沟和过街地下通道等。这些地下工程的设计与施工离不开对所在区域地质情况的清楚认识和分析，而这一点往往是难于把握的。因此，根据设计人员设计出的各种地下工程方案，认识和分析，可以快速获得各方案客观的地质评价，在已有的三维地质模型或岩级辅助调整并优化方案设计。而对于已确定的方案，可以结合施工情况对模型进行反馈更新，进一步为地下工程施工提供宏观地质预测，提高其施工效率。基于三维地质模型或岩级模型，对各种地下洞室进行工程地质分析，主要从以下几个方面进行。

1）地下洞室地质开挖模拟。利用地下洞室设计方案建立起相应的三维几何模型，与三维地质或岩级模型一起做体与体之间的布尔差运算，进行地下洞室开挖模拟，一方面可得到开挖后的地质或岩级模型。另一方面还得到了开挖出来的整体地下洞室群方案的地质或岩级模型，能够直观地对其地层岩性、地质构造和岩体质量进行工程地质评价分析。

2）与地下洞室相关的地质模型剖切。根据开挖后的三维地质或岩级模型，可对其进行一系列与地下建筑物有关的剖切分析，如洞室轴线的地质剖切等，以便深入地了解地下洞室所处的地质环境。

3）地下洞室布置方案选择的地质评价。地下洞室位置的选择主要受地形、岩性、岩体质量、地质构造、地下水等工程地质条件的控制，其中地形对进出口位置影响较大，而后者对地下洞室围岩稳定与施工开挖有重要的影响。依据上述的开挖模拟和剖切分析，可对不同布置方案的诸多地质因素进行快速直接地对比分析，获得客观的地质评价结果，并能实时修改调整，设计更优的布置方案。

4）地下工程施工开挖的宏观地质预测。在选定地下洞室布置方案进行施工开挖过程中，其地质情况的不确定性和未知性给施工带来很大的困难，尤其是会产生不良影响的地质现象，如软弱岩层塌方、断层破碎带涌水等。通过上述地质分析可为地下工程施工提供宏观的地质预测，利用已开挖得到的地质信息对原有模型及时修改更新，遇到不良地质缺陷时应进行认真分析，并与工程实际中广泛应用的探测超前地质预报相结合，效果更佳。

5）地下洞室地质模型与施工过程动态分析的结合。目前对地下洞室群施工全过程的动态分析均未考虑其相关的地质条件和地质环境，而把所有部位岩体当作均质处理，这显然存在较大的不合理性。因此若将三维地下洞室地质模型与其施工过程动态分析结合起来，对不同级别性质的岩体选取不同的施工参数，考虑不良地质构造对施工进度的影响，在一定程度上能克服传统方法的局限，得到更加合理可靠的模拟成果。其他通用分析主要包括一些工程实际中常用但较小的分析手段和技术，如地质结构面面积计算、开挖工程量体积计算、地质界面等值线自动生成等。

（5）数值模拟分析

三维地质模型能够与专业工程数值分析软件进行耦合才能最大限度地发挥三维地质建模的作用。目前三维地质建模技术发展迅速，但是将三维地质建模与数值模拟联系起来的案例却不多。三维地质建模与工程数值模拟的数据结构存在很大差异，将二者联系起来，要求三维地质模型必须能够方便地进行网格剖分，且网格质量要高，才能进行计算；此外，支持三维地质建模的数据结构要能方便地进行几何对象之间的布尔运算。要支持三维地质建模软件和工程数值分析软件的耦合，通常可以采用两种方法，一种是设计一种既适用于可视化又适用于数值模拟的数据结构；另一种是在三维地质建模软件基础上开发出能够与数值模拟软件交互的数据转换接口。前者实现难度大，后者统筹安排，协同开发，优势互补，综合利用。

岩土工程中应用比较广泛的数值模拟软件主要有 FLAC3D，ANSYS，ABAQUS 等，这些数值模拟软件在前处理建模功能方面比较薄弱，尤其是对于复杂多变的地质体，三维模型建成后与真实地质体严重不符合，严重影响计算结果的可靠性。而基于 BIM 的三维地质建模软件在处理地质信息时十分方便，可以精确地表达各种不同岩性的岩层、地质结构体等的形态及在空间上的分布。因此，将三维地质建模与数值模拟计算有机结合起来，既能解决数值模拟软件前处理工作上的困难，又可为数值计算提供精确的三维模型，使数值模拟软件强大的计算能力得到充分发挥。

三维地质建模软件和数值模拟软件都是各自独立的主体，在各自领域内发展迅速，取得了一些成就，但在实际应用中却碰到了各自的难题。数值模拟软件前处理功能薄弱、难以构建复杂曲面及所构建的数值模型与真实地质体严重不符，而三维建模技术缺少力学分析能力。因此，要想建立精确的三维地质模型，并进行可靠的三维数值分析，需将二者结合起来。

在三维地质建模软件与数值模拟软件耦合过程中，存在数据格式不一致、数据传递耗时长，以及原始数据、模型配置高度离散化等难题。三维地质建模软件与数值模拟软件的耦合方式一般情况下分为两种：一种是完全耦合、一种是松散耦合。

完全耦合是指扩展三维地质建模软件使之具有数值模拟的功能，就是对三维地质建模软件进行二次开发，利用编程语言将工程模型编译成函数库，直接供三维建模软件调用。该方法可以将三维地质建模与数值模拟集成到同一平台中进行，具有操作方便、效率高等优点。但是完全耦合的方式具有一定的难度，要求软件开发者具有较强的计算机编程技术，需要非常了解工程模型代码的相关数据结构和算法等细节性的问题。

松散耦合是指借助其他数据转换程序将三维地质建模软件与数值模拟软件结合起来，松散耦合方式下二者之间均以独立的应用程序存在，相互独立、互不影响。数据转换程序的作用是将地质建模软件的数据转换为数值模拟软件可以接受的格式，实现地质建模软件与数值模拟软件间数据的无损传递。一般而言，三维地质建模软件中的可视化模型网格是不能直接用于数值计算的，松散连接还需要在已有的可视化模型的基础上对网格做进一步优化，通过转换程序将可视化模型网格转化为能进行计算的数值网格，这是相对简单的办法。

第4章
地下水封洞库精细化三维地质建模工作流程

4.1 多源数据融合

三维地质建模需要的数据一般有四大来源，分别是地表数据、钻孔数据、地球物理数据及地质专家的成果认识。建模前需要将不同来源、不同尺度的数据按照其地质意义分类管理，并指定其在建模中的地质属性。

充分收集新场预选地段已有的卫星遥感影像数据资料、地形数字资料、地质调查资料、地球物理测量资料、钻孔编录资料等，对资料进行分析、整理和入库。利用已有资料建立地表和地下数据库。

4.1.1 地表数据

地表数据主要通过工程地质测绘工作获得，主要包括地形数据、地质点数据和遥感信息数据等。工程地质测绘就是根据野外调查和遥感技术综合研究工程区的地质条件，如地层、岩性、地质构造、地貌条件、水文地质条件等，填绘在适当比例尺地形图上加以综合反映。

地形数据是通过地形测量获取得到的，即通过经纬仪或 GPS 等仪器测出地形起伏变化处的坐标、高程而绘制而成一定比例尺的地形图。

地质点数据。地质点测绘是指对地表露头的观察与测绘，主要运用于具有复杂地质条件的大型水利水电工程，所获得的数据精度高，但工作量大，是构建一个工程区地质框架的最初资料。该方法首先在工程区沿地质界线或地质现象的边界布置地质观察点，然后逐点进行详细观察描述并记录地层岩性、地质构造、第四纪地貌、物理地质现象和水文地质条件等，尤其是与工程建筑有关的地质问题，最后通过实测资料连接各地质界线，并用罗盘仪或经纬仪测量地质观察点的实际位置，标定在地形图上。因此地质点观测信息主要包括地质点位置、岩层产状要素、地质现象素描与照片、岩石标本等。

遥感信息数据。遥感技术是近年来发展的一种先进的综合探测技术，在工程、水文勘察中得到了普遍的应用，一般运用于水利水电工程规划或初设阶段。遥感信息数据即利用遥感技术从空中获取地面实际影像（卫星或航空照片），它能真实地记录地表的综合景观特征和各种地物的个体特征。从遥感图像上通过地质解译标志可获得以下一些数据：①识别出图像上的地质体及地质现象；②各种地质体的边界；③地质体的岩层产状、构造线方位、岩体的出露面积等；④配合地面地质资料，分析、确定隐伏构造的存在及其分布范围；⑤通过编制地质构造解译图，综合分析各种地质体之间的成因联系、空间分布关系。

建模使用的地质图数据为重新编制的以场址区为中心，以水力边界为依据，平面面积近 6km² 的地质图，以前期收集的 1∶50000 地质图为基础，通过 1∶2000 和 1∶1000 工程地质调查工作的进行，地质界线有少许改动，并依据最新调查结果对地质构造进行了修正，对地质图进行修正和更新。

4.1.2　地下数据

（1）钻孔数据

地下数据主要包括控制岩体的钻孔资料数据和物探数据。根据研究情况，建立钻孔数据库，且能对各种图件和数据进行分类管理。库址区已完成的钻孔数共 115 个，其中包括深孔和洞口区的浅孔分布，通过勘察记录软件，将钻孔坐标表和岩性信息分别进行记录，并生成 P-BIM 数据库，以便建模使用。

（2）工程地球物理勘探

工程地球物理勘探是了解深部地质环境的重要手段，从宏观层面探测地质体的整体情况，为钻探工作布置提供合理化建议，同时结合工程地质测绘成果及钻孔揭露情况，揭示库址区岩体内断裂构造空间展布特征和深部规模形态，查明库址区断层、破碎带、裂隙带等不良地质结构的位置及规模。

1）地震勘探法。地震勘探以不同地层和岩石的波阻抗差异为基础，通过观测和研究地震波在地下岩石中不同界面反射回来的反射波场的传播特性，从而解决地下岩层的产状、结构、构造，甚至是岩性问题。通过对各测线的地震剖面和层析反演纵波速度剖面成果图等值线变化特征分析库址区内岩体状况及裂隙带等异常带。

根据测线剖面的三维横切片图（图 4.1）可分析得到：库址区表层波速较低，主要为强风化及较破碎的中风化花岗岩，纵波速在 800～3000m/s；较完整的中风化花岗岩纵波速在 3000～4600m/s；下部岩体纵波速较高，为微风化～未风化花岗岩，纵波速在 4600～5600m/s。

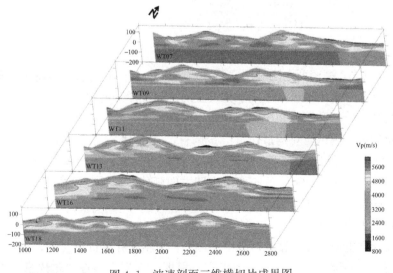

图 4.1　波速剖面三维横切片成果图

通过对测区波速成果进行三维水平切片分析，高程－120～80m，间距40m，如图4.2所示，从图上分析场区从上到下波速呈均匀升高趋势，在拟建工程深度范围内波速整体较高，波速在5000～5600m/s，推测岩体整体完整性较好。

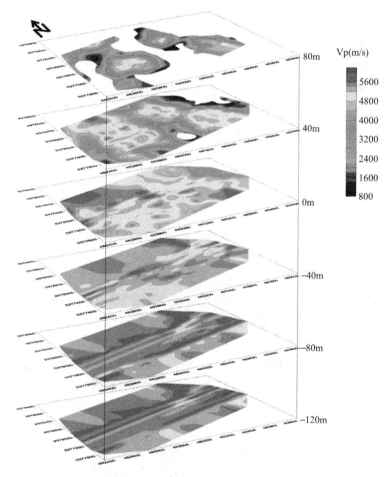

图4.2　三维水平切片成果图

2）高密度电法。高密度电法利用岩石、矿物及地下水不同的电性特征，创设稳定的人工电场，提前布设多道电极，按照事先设置的排列式样开展扫描及观测，获得地质体的电阻率分布规律，分析和探查相应的工程地质问题。

通过高密度电法测试，对构造作进一步调查，其中对F1和F5断层进行了三维切片图（图4.3）分析，可初步推断F1断层整体沿沟向南发育，走向略有弯曲，向南延伸迹象不明显，F5断层切割F1断层后向西南山凹方向延伸，延伸长度有限。F1、F5断层均表现为浅部影响带相对较宽，深部影响宽度变弱。

（3）钻孔电视成像试验

通过钻孔光学电视测井和钻孔声波电视测井，对钻孔孔壁进行实测，分析孔壁的破碎与裂隙发育情况，并统计孔内节理裂隙发育。根据节理发育情况，将库址区分为四个区域，对每个区域进行节理发育情况统计，以西南区域为例：由节理玫瑰花图和极点等密度

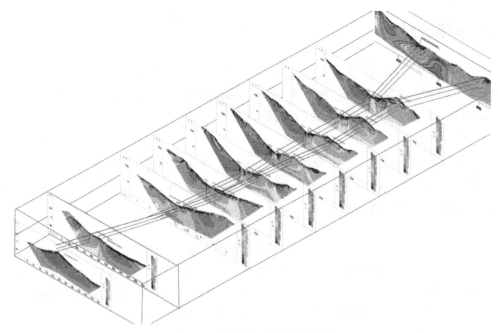

图 4.3　高密度电法三维切片图

图（图 4.4）可知，场地西南区域节理裂隙走向为 $320°\sim350°$，倾角为 $75°\sim80°$，近直立，倾向以 $220°\sim240°$ 为主。

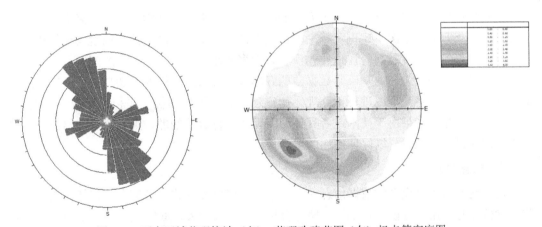

图 4.4　西南区域节理统计（左）、节理玫瑰花图（右）极点等密度图

通过孔内试验，对钻孔周围岩体进行精细化描述：钻孔电视成像可查明钻孔优势节理方向，结合地表优势节理分布情况，判断库址区整体及区域节理走向。

综合地震勘探、高密度电法、钻孔电视成像、波速试验等工程地球物理勘探手段和原位钻孔试验，及压水试验、脉冲试验等水文地质试验成果，对地下水封洞库库区地层结构、地质构造特征及岩体渗透性空间分布规律进行了精细化描述，为地下水封洞库全周期稳定性分析和水封安全性分析提供了大量可靠的精细化数据，从而实现精细化建模及精细化成果分析。

4.2 数据处理

通过多种地质勘测方式获取丰富高多样的地质数据，在精度、分辨率、数量、质量等方面都存在较大的差异，为了使所有有效数据成为建模系统可利用的、可靠的、一致的信息，必须解决多源地质数据的耦合技术问题。

4.2.1 统一性处理

由于数据来源地各异，使得数据的存放形式和格式差别较大，数据之间的精度、尺度、标准等不统一。这些特点给地质三维建模带来了不小麻烦，因此在建模前进行数据预处理十分必要，具体包括如下几方面。

（1）平面图

地形数据和地质点数据为 dwg 格式，对数据进行检查，删除图框、居民区标识等数据，仅留下 DGX 和 GCD 数据，并对高程数据在三维空间检查和修正，确保"高程点"数据对应的 CAD 图像类型为图块参照，"等高线"对应的 CAD 对象类型为多段线、二维多段线、三维多段线，并且数据间无矛盾关系，以便建模时生成地表时使用。

（2）钻孔数据

本文使用三维地质软件可接受理正勘察库的钻孔数据输入，因此，按照理正勘察软件的要求，整理钻孔数据，可分为钻孔坐标表、岩性信息表和岩石物理力学指标。

（3）精度

影响数据精度有采集和计算两个方面的因素。不同来源的地学数据，在采集时都有相应的规范要求，通常情况下比例尺越大的地质图件采集精度越高。计算精度与计算机的字长有关，字长越长精度越高。在地质建模时，大多数软件均考虑了字长的问题。所以数据源是三维可视化地质建模的基础，数据源的好坏直接关系到建模的成功与否。所以在进行地质建模前，需要将数据源进行预处理，使得建模时能够使用统一坐标系、统一比例尺，统一精度的数据。如果由于技术或者其他原因无法进行数据处理，则应该详细给出每个模型单元的建模过程记录，以保证使用的可靠性。

4.2.2 概化处理

建立地质可视化模型的数据信息除了数据类型多以外，数据海量也是其特点之一。这些海量数据直接用来建模时，不但会使计算机内存负荷过大，同时地质体的空间拓扑关系难以建立，因此需要对数据进行概化处理。数据的概化处理使得这些反映垂向结构的数据逐步变得有序化，为进一步自动生成三维模型奠定基础。

（1）钻孔概化

原始钻孔数据给出了钻孔上各个点的岩性，相邻的点之间是钻孔的一个小段。对钻孔数据处理目的是要将岩性相同或相近的小段合并，将一个钻孔中的许多小段概括为几个大段，每个大段对应一个地质体，每个地质体中的岩性基本相同，这个过程称为钻孔概化。采用人工处理方式进行钻孔概化处理时需注意：①钻孔原始属性（岩性）数据在钻孔上的分布情况；②已经完成的分层情况；③相邻钻孔分层点之间的对应情况；④钻孔分层对地质结构模型的影响。对于钻孔概化的自动处理技术，何满潮等进行过较为详细的研究，提出了以纵向概化、横向概化、纵横向协调为主的 3 大类 6 小类概化处理准则，其核心思想就是根据研究需要设定一个阈值，当地层厚度大于这个阈值时显示该地层，当地层厚度小于这个阈值时将其忽略掉，并将该地层的厚度并入相邻地层，合并的原则是岩性相似的优先合并，其次考虑向上合并。

（2）剖面数据概化

剖面是地质技术人员对地质构造的直观解释，它对地质建模起着举足轻重的作用。大区域内的少量钻孔只能起到辅助建模的作用，建模中更多的是使用剖面。因此，就必须对剖面进行深入地分析。有时，剖面上地质结构复杂，层与层关系不清，断层过多过细，透镜体小而多，局部地层出现犬牙交错的状态，这种剖面对地质体及构造刻画精细，只有地质专业人员能够较好地理解，而对于地质建模来说，它突出的是整体性，大尺度、规律性的模型，过度的精细与专业化反而使技术人员无所适从。因此，需要对原有的剖面进行概化处理。在概化过程中，需要明确大的地层关系，如时代岩组、一定量厚的地层等，过于细小的地层或透镜体归类到大地层当中，细小的断层可忽略不计，对犬牙交错的地层进行概化或模糊性处理。经过这样概化处理的剖面地层主辅突出、断层清晰明确，既反映了地质构造，又注重细节的刻画，适合于建模工作的开展。对于剖面而言，不光是概化处理地层与断层，还要注意剖面的纵横比例，从全局来考虑，要使模型的范围大小与地层深度达到一个合适的比值，如果模型太过扁平，则需要修改剖面的纵向比例，使剖面在深度方向上更长一些，从而使构建的模型相对美观一些。总之，在进行数据概化处理时，要求既要符合地质行业习惯，又要能满足地质建模的要求。

4.2.3 矛盾数据处理

在实际的建模过程中，总会遇到数据的矛盾、冲突等问题，这一问题称之为数据的一致性问题，一致性问题的根源是数据来源的多样性。例如，某地层界面的深度可以根据地震勘探获取，也可以根据钻井的分层获得，如果这两个数据的值差别较大，如何选择。或者，根据不同数据来源建立的两个地层界面模型相互交叉，不符合地质理论应该保留哪个地层界面模型。

矛盾数据的主要表现有：①重复数据，在同一个空间位置有两个很接近的数据，或差别很大的数据；②地层交叉，两个不同时代的地层、地层界面或地质体相互交叉；③不同数据来源给出的同一地质对象的数据不一致；④地层、地质界面，或断层内部相互交叉的现象。

如何解决矛盾或相互冲突的数据，首先要做的是空间数据的一致性检查。空间数据是否一致很难在建模之前发现，只有在建模的过程中才能发现，因此空间数据的一致性检查和处理必须在建模的过程中才能完成。

（1）一致性检查

在建模过程中，检查空间数据的一致性：①先建立地层界面或断层面，然后对这些界面或断层面做垂直投影，检查水平边界的正确性；②分别正投影到 XOZ 和 YOZ 平面，检查垂直边界的正确性；③在空间信息可视化平台上，多角度变化检查模型单元内各个几何边界有无交叉；④在空间信息可视化平台上多角度变化检查模型单元之间是否有交叉。

（2）矛盾数据处理方法

矛盾数据处理的基本原则是：①以经过验证的数据作为矛盾数据处理的第一标准；②优先以高分辨率数据和高精度数据作为矛盾数据处理参考的标准，例如，如果有地震勘探数据和钻井数据，优先以钻井数据作为矛盾数据的处理标准；③优先以可靠的局部性数据作为矛盾数据处理参考的标准。

按照以上标准就可以较容易地处理矛盾数据，并使数据一致起来。矛盾数据处理的一般流程是：①根据标准地层划分，确定出研究区的若干个标志井数据；②用标志井数据，标定非标志井数据；③用经过标定的井数据，建立起标准的地层界面模型单元；④用标定后的井数据建立的地层界面模型单元，标定地球物理数据，特别是地震数据建立的地层界面模型；⑤根据地震数据建立断层模型单元；⑥检查所有地层界面模型单元和断层模型单元的地质合理性，并加以校正；⑦最后建立地质体模型和全区的地质模型系统。

数据收集，收集研究区原始资料，为其后的判断、识别工作提供基础数据。原始资料的类型具有多样化的特点，与研究区的经济投入、采用的勘探手段、研究内容及研究程度等密切相关。目前被广泛使用且易于获取的资料，大致可分为地质资料、勘探工程资料和物探资料三类，其中，地质资料主要指地质报告及相关附件；勘探工程资料主要包括钻井或坑道坐标、方位等工程空间位置数据，揭示岩层的岩性、产状、构造性质等特征数据，以及钻孔柱状图、采样位置图等图件；物探资料包括采用物探方法获得的数据及图件。

整理数据，对原始资料按类别进行整理，便于下一步分析和判断。整理数据分类可按照数据类型分类，如剖面数据整理、等值线与高程点数据整理、钻孔数据整理等。整理内容包括边界线提取、二维剖面信息向三维信息转换、标注信息提取、等值线与剖面图对比修正等。

分析解析，地质资料和勘探资料是以文字、图表和图纸（如柱状图、剖面图等）的形式描述，需要专业知识人员正确分析、理解和判断，进而确定标志层，依据相应的规则进行地层对比。物探资料是通过间接勘探手段获得，以各种复杂波形、曲线等形式出现，必须由专家结合相应的地质资料及勘探资料进行解析才能利用，物探资料的加入有助于地层的精细对比。

推断识别，遵循基本地质规律进行推断，如依据上述过程中地层对比情况，实现各钻孔之间对应地层的合理连接；最终，将确定研究区地质体及相关构造的空间分布情况。

4.3　精细化三维地质模型的建立

4.3.1　钻孔数据的导入与解译

建立钻孔数据库，通过收集的钻孔数据信息，建立、存储地质资源信息数据表。数据库是以一定的组织方式存储在一起的相关数据的集合，它能以最佳的方式、最少的数据冗余为多种应用服务，地质数据库是数据库技术在地质勘探中的实际应用，作为了解深部地质环境的基础。

4.3.2　地表结构建模

地表地形是地质形态中最直接、最基本的部分，而DTM不仅是整个模型建立过程中所有运算操作的受体，同时也是其重要的组成部分，必须满足存储量小、精确度高且易于图形操作运算的要求。这也一直是建立真正实用的三维地质模型的一个制约性问题。

数字地形通常有等高线、规则格网（Grid）和不规则三角网模型（TIN）三种不同的表示方法。其中，等高线目前多已作为插值生成三维 DTM 的基本数据。Grid 模型将区域空间按一定的分辨率切分为规则的格网单元，用一组大小相同的栅格描述地形表面，此种模型具有较小的存储量和简单的数据结构，计算机算法容易实现，但是不能准确表示地形的结构和细部，精度较低，仅适用于地形较为平坦的地区。TIN 模型所描述的地形表面的真实程度由地形点的密度决定，并能充分表现地形高程变化细节，其缺点是数据存储量很大。TIN 模型是由分散的地形点将区域按一定规则划分而成的相连三角形网络，是一个三维空间的分段线性模型，所描述的地形表面的真实程度由地形点的密度决定，并能充分表现地形高程变化细节，精度高且修改方便，适用于地形较复杂的地区，但所产生的模型数据存储量极大，且数据结构复杂，不利于快速显示和图形切割运算。这两种模型均无法直接满足实际三维地质建模的需要。

由于实测的原始等高线往往不能很好地描述悬崖、沟壑，出现不连续的现象，基于TIN 模型对其处理，并利用算法简化，获得满足三维地质建模的 DTM。地形结构建模的步骤如下。

1）处理等高线和高程点，进行数据矛盾检查。若等高线过于密集，可通过插值进行抽稀。

2）生成 TIN 模型。基于整理好的等高线和（或）高程点，在软件中利用 Delaunay算法，通过插值计算，生成 TIN 格式的三维地表模型，并消除由于等高线数据过于密集或采集信息缺乏所造成的细小、狭长三角形，获得高精度的 TIN 模型。

4.3.3　地层地质结构建模

地层类对象主要包括地层、覆盖层和层间错动带三类地质结构，下面以地层为主来说明该类地质对象的几何建模方法。

对于单个连续的成层地层面，区域内单个连续的地层结构体是由上、下两个地层面和周边四个边界面闭合而成的。实际上，可以对已建立的区域地形轮廓体和上、下两个地层结构面进行布尔切割运算，更精确简便地获得对应的地层体。

对于多个成层构造地层，其接触关系有整合接触、平行不整合接触和角度不整合接触三种。而从空间几何角度而言，在相互邻接的地层之间一般存在包含、覆盖、相交和多层相交四种空间关系。本书中，层面建模有两种方式，一种是层面法，另一种是剥层法。层面法适用于地层在模型范围内为连通层，地层完整的情况，岩基地区较为适用；剥层法适用于模型范围内地层较破碎，同一地层多处分布的情况。复杂情况下，两种方式可以结合使用，但需要先使用剥层法，再使用层面法。

1）层面法。①根据各自的地质数据分别建立地层 T1 和 T2 的上部结构面 S_1 和 S_2。②计算曲面 S_1 和 S_2 的相交线 l_1 和 l_2，以曲线 l_1 和 l_2 为边界，对曲面 S_2 进行裁剪，从而得到两地层 T1 和 T2 间的结合面 S_3。这样，所获得的结果曲面即可成为地层 T1 的下底面，然后与地层 T2 进行叠加，两者即可很好地缝合在一起。

2）剥层法。当地层在模型范围内不联通时，构造模型不能再笼统地将离散点和剖面线数据进行插值拟合，需要通过分析钻孔和剖断面数据绘制边界线，运用剥层法按顺序创建地层。剥层法创建的地层均为地层体，拆分完成后可直接执行自动创建三维模型功能得到三维地质体。

在剥层法中引入基准面的概念。基准面在第一层开始剥层时与地形面一致，在后续的剥层过程中，基准面位于已剥地层体层底，每剥一层，基准面就更新到最新地层体的层底，作为下面待剥地层的基准面。通过钻孔出露地层信息和地质边界线等，进行剥层建模，基准面都会随之变化，因此在剥层过程中，如果发现之前剥离的地层体有误，则需要将有误地质体及其以后剥离的地层体删除后重新生成，为避免这种情况发生，需要在剥离地层后查看剥离的地层是否正确，确保无误后再剥离下一层。

4.3.4　断层类地质结构建模

断裂构造是地壳上发育最广泛、最常见的一种地质构造，它使岩体的连续性和完整性遭到破坏，并使断裂面两侧岩块沿破裂面发生位移。发生明显的相对位移或仅有微量位移的断裂构造，称为节理，发生较大和明显的相对位移，称为断层。在地下水封洞库工程中，主要考虑以断层为主的断裂构造及节理发育密集带。本节以断层为主来说明该类地质对象的几何建模方法。

大量的研究表明，断层处理是三维地质建模的难点之一，目前仍处于探索阶段。断层建模的主要问题是连接剖面之间断层轨迹线的多解性以及缺乏对断层变形和对其进行三维外推的丰富信息。而且在地质构造复杂的区域，众多的断层互相交错发育，在地质岩体内形成了复杂的断层网络，因此，除了精确构造单个断层外，还要从整个断层网络系统出发，正确处理好多个断层相交的错动问题。然而目前的研究主要是针对单个断层或至多两个相交断层的构造建模。

（1）单个断层建模

对于单个孤立的断层，可以根据钻孔揭露信息、解译形成的剖面信息以及区域地质调查获得的有关数据，首先利用算法形成两个主要的断层面，并经过边界约束和尖灭等条件处理，建立合理的断层面；然后利用这两个断层面相应的边界线构建四个边界面；最后在满足一定精度的条件下，通过几何图形的集合运算对这六个曲面进行缝合，围限而成一个完整的断层体。然而，从地质观点来看，一个断层可看成一个与地层相交的实体，断层和地层之间的关系存在不对称的可能，其关系为：断层切割地层，地层有位于断层上的边界线，因此断层建模需要考虑地层的切割问题。从数学角度来看，一方面断层是几何上的不连续，另一方面断层可被当作是一种地层线性几何不连续两侧部分之间的超链接，因为在地层被断层切割之前，它是连续的，当模拟一个被错断的地层时，这种连续在断层两侧存储。实质上，模拟一个断层与一个地层相交错断的情况与两相交断层建模的原理是相同的，如图 4.5 所示。

（2）相交断层建模

在地质构造复杂的工程区域，若断层较为发育时，会出现断层两两相交错动的现象，这和断层将地层错断的情形类似。根据解译出来的断层产状和构造特征，可以推断先发育形成的断层 F2 和 F4 分别被后发育形成的断层 F1 和 F3 错动。

对于两相交断层的构造建模，首先需要引入以下两个约束条件。

1）边界约束。相应于主断层的上升盘与下降盘的被错断层边界任何时刻都应该位于该主断层上。

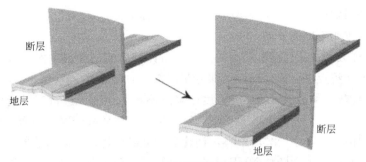

图 4.5　地层沿断层错断滑动

2）矢量连接约束。被错断层由错动引起的位移，可以通过在主断层的上升盘和下降盘之间设置位移向量来实现。

针对图 4.6 中的两种不同情况，可分别采用不同的方法进行构造建模。

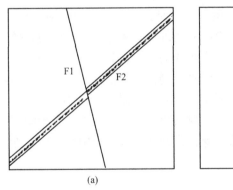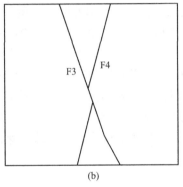

图 4.6　不同错动下的两相交断层

（a）小错动位移；（b）大错动位移

被错断断层的两部分之间位移较小时，如图 4.6（a）所示，F1 错断 F2，F1 仍然是一个完整体，而 F2 被分成两个微小错距的不连续部分。首先对断层 F1 建模；然后对于断层 F2，由于其两部分之间的相对位移很小，在精度允许情况下，可以把它们按照错动方式直接连接成一个整体；最后利用 F1 通过布尔运算，切割错断 F2。这样构造出的相交部分不仅能够满足精度要求，而且还同时满足了上述两个约束条件。

被错动断层的两部分之间位移较大，如图 4.6（b）所示，F3 错动 F4，F3 是一个完整体，F4 则被 F3 切割错断为相对位移较大的不连续的两部分。在这种情况下，若仍把 F4 连接为一个整体进行构建，则在转折处易产生较大的突变，断层体 F4 和 F3 在相交处难以精确吻合，误差较大。因此，考虑把位于 F3 上升盘和下降盘的 F4 不连续的两部分分别进行构造建模，这能够满足矢量连接约束；在构建过程中，调整 F4 两部分与 F3 相交处的边界，使其边界线均位于 F3 断层体上，以满足边界约束。这样就能够获得精度高且满足两个约束条件的断层模型。

4.3.5　界限类地质对象建模

界限类对象主要包括人为划分的强、弱、微不同等级的风化面、地下水位面等。由于风化等外动力对岩体的影响是一个随机动态的过程，且需要地质人员去辨识分析，一般地，界限类对象只需构造出相应等级分带的界限面即可。针对不同区域数量与质量参差不齐的采样数据，采用不同的处理方法。

1）对于采样数据充足且精度较高的区域，可以将所有剖面数据经三维处理后，根据其剖面线三维分布特点进行拟合构造，即可获得相应的界限面。

2）对于采样数据不足的区域，对长度或宽度不足的剖面线进行三维延伸，依据剖面线自身趋势并结合该曲线垂向上的地形形态进行推断；然后基于这些剖面线数据，将该区域风化或卸荷界限作为一个连续的整体，构建曲面；最后将该曲面与地形等整合，一起进行分析、调整、裁剪，由于调整 NURBS 曲面上的控制点并不影响其他区域，易于调整不合理之处，而对于不存在风化或卸荷的区域，则进行裁剪处理。这样，基于有限的采样数据可以获得尽可能真实、误差相对较小的界限曲面。

4.3.6 人工对象建模

在工程建设及地质勘探中，所包含的人工对象有地下工程等地质条件密切相关的水工建筑物，以及钻孔、平硐等相关勘探对象。人工对象的几何建模相对简单，若已有 CAD 或其他常用数据格式的三维模型，则可直接利用外部实体导入参与建模，效率极高。对于地下工程，地下水封库是由若干条地下洞室组成的集合；对于每一个地下洞室对象，洞室断面形态控制洞室的几何形态，洞室中心线则控制其空间位置。根据这两项数据，再加上控制坐标，可利用路径扫描法快速实现洞室三维建模，最后将所有完成的洞室实体合并，得到完整的地下洞室群三维几何模型。人工对象建模过程要格外注意不同洞室和竖井等的连接处，确保模型完整、闭合性好，从而保证模型开挖时的准确性和稳定性。

第5章
三维地质建模在地下水封洞库中的扩展应用

工程信息化建设已成为勘察、设计、施工及其运营管理等技术革新与进步的重点发展方向之一，BIM及其工作平台是工程信息化建设的主要技术手段与载体，勘察资料采集管理、地质三维数字化建模分析与设计一体，及其他专业（如设计、施工等）的工作协同，是当前程信息化建设面向勘察、岩土专业急需解决关键技术问题，也是岩土勘察BIM平台的核心建设内容。

住房城乡建设部颁布的《2016～2020年建筑业信息化发展纲要》（简称《发展纲要》）明确了建筑行业各类企业、市场监管机构信息化工作重点和要求。其中对勘察类企业和监管机构信息化工作要求可扼要归纳如下。

1）勘察类企业的重点要求是"在工程项目勘察中，推进基于BIM进行数值模拟、空间分析和可视化表达，研究构建支持异构数据和多种采集方式的工程勘察信息据库，实现工程勘察信息的有效传递和共享。在项目策划、规划及监测中，集成应用BIM、GIS、物联网等技术，对相关方案及结果进行模拟分析可视化展示"。

2）要求勘察行业质量监管机构构建基于BIM、大数据、智能化、移动通信、云计算等技术的工程质量监管模式与机制。建立完善工程项目信息系统，对工程勘察单位的质量行为监管信息进行采集，保障数据可追溯提高，提高工程质量监管水平。

本书采用中石化石油工程有限公司具有自主知识产权的"三维地质建模软件"建立三维地质模型，该软件系统针对地下水封洞库项目地质情况及建模需求定向开发，具有独特性与普适性。鉴于目前三维设计尚不普及，常规的二维设计仍以AutoCAD作为最通用的设计软件，本软件是基于AutoCAD进行二次开发。该软件具有模型结构和属性结构，可以进行地形面建模和各种地质体建模、描述空间几何对象和空间属性分布，也可以作为地质信息的传递介质，实现三维可视化和三维数字化交付。

5.1 功能扩展开发

首先，地下水封洞库深埋于上百米的地下，通过施工巷道与地表连接，主洞室和水幕巷道、施工巷道、连接巷道等在空间上相互交叉，组成复杂的大型地下洞室群，如图5.1所示。与公路、铁路和油气隧道相比，空间结构更复杂，常规的三维地质建模软件难以构建如此复杂的地下洞室群结构，因此，针对地下水封洞库，要进行功能扩展开发。

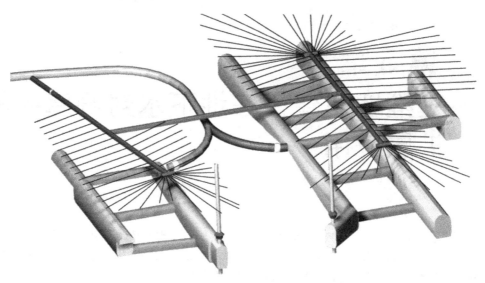

图5.1 地下水封洞库示意图

其次，地下水封洞库建设过程中，断层、破碎带和长大的导水裂隙等优势渗流通道是导致地下水位快速下降、硐室内大量涌水的关节路径，同样地，在建模过程中也要更加关注优势渗流通道的构建，这也需要进行对应的开发工作。

再次，与一般的工程建设项目相比，地下水封洞库的勘察工作前置，初步设计阶段即进行详细勘察，施工图设计阶段采用动态设计，勘察工作以硐室内的地质素描为主。在施工图设计阶段，三维地质模型仍需要不断更新，同时，与以往项目相比，建模数据的来源不再是钻孔数据、物探数据和地表测绘数据，更多是硐室内开挖揭露的岩性界面、断层、破碎带、裂隙、涌水点等数据。与一般项目的三维地质模型相比，建模方式也有较大的区别。依据钻孔数据、物探数据和地表测绘数据建模时，对于地质的分布特征的认识来源于技术人员的推测，建模时大量采用插值算法，构建出的模型精度受技术人员的认识和采用的插值算法精度的限制；地下洞室三维地质模型创建时数据源更丰富，拥有大量的地下实测数据，对地层、构造的认识更直观，因而建模精度要求更高，地质体创建时需要增加大量的约束。

5.1.1　洞室结构建模

（1）隧道

常规的隧道建模可依据AutoCAD中的放样命令进行开发，给定隧道的中线后，交互隧道名称，隧道范围可交互里程或是选择线路中线，交互弧线转换精度，选择横截面dwg文件，即可录入需建隧道信息，如图5.2所示。隧道可进行多段连续拼接，点击"新增"即可添加隧道里程范围，点击"删除"可删掉选中的隧道里程。

建模过程中应注意以下事项。

1）每个横截面对应一个dwg文件，dwg中的图形应是多段线按照1:1绘制的折线或圆弧闭合图形，同时，每一个界面形状应指定其基点位置。在AutoCAD环境下，可使用命令base设置线路中心点的基点位置。

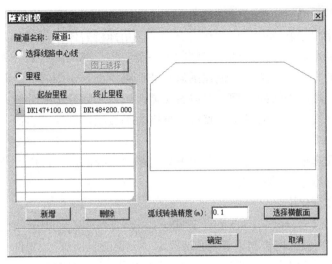

图 5.2　隧道建模参数设置

2）横断面为包含弧度线的多段线时，可通过"弧线转换弦高"来将弧线自动拟合转换为折线多段线。数值越小，拟合后的多段线与原始弧线逼近程度越好，但数据量也随之增加；技术人员应根据使用需求、模型大小和计算机的计算能力合理选择转换精度。

3）如存在多行记录，则各记录的里程应能连续拼接，且在三维线路里程范围内。

（2）导入外部实体开挖

对于空间分布复杂的地下水封洞库或其他地下工程，可通过 3ds Max 等专业三维建模工具，构建洞室结构的三维实体，然后应用布尔运算中的减运算，在三维地质模型中导入外部实体模拟开挖。对于空间分布复杂，但每一个洞室或地下结构体均为规则的实体时，也可以在 AutoCAD 的三维环境下，采用放样、扫掠等方式创建每个简单实体，然后应用布尔运算进行组合，创建复杂的洞室结构体，导入到 3ds Max 软件中转换为 3ds 格式的实体类型，进行模拟开挖，如图 5.3 所示。开挖类型支持三维实体和三维曲面两种类型。

图 5.3　导入外部实体

5.1.2　围岩分级建模

围岩分级是指根据岩体完整程度和岩石强度等指标将岩体序列划分为具有不同稳定程度的类别，即将稳定性相似的一些围岩划归为一类，将全部的围岩划分为若干类。此处介绍创建围岩分级的方法：线路模型创建围岩与非线路模型创建围岩，线路模型创建围岩适用于存在里程数据线路中线的模型，可以直接使用里程来划分围岩分级；非线路模型创建围岩适用于不存在线路中线的模型，直接根据围岩等级线来创建围岩面，通过层面拆分体来创建围岩分级。

以"三维地质建模软件"为例，介绍下创建围岩分级的过程，广大技术人员进行三维地质软件开发时可参考。

（1）线路模型创建围岩分级

线路模型创建围岩分级的核心是给定洞室中线后，按里程范围分段创建围岩等级。

点击成果图件面板的构筑物子节点右键菜单"设置围岩信息"，软件自动打开建模辅助dwg文件，全屏显示模型范围内的三维线路，并弹出设置围岩信息窗口，如图5.4所示。

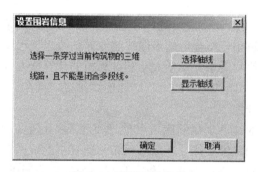

图5.4　设置围岩信息

点击"选择轴线"，根据提示在图上选择三维线路，点击"选择"后返回设置围岩信息界面，点击"显示轴线"设置围岩信息界面被隐藏，图上显示黄色三维线路，按下 Esc 键显示出设置围岩信息界面，点击"确定"设置完成。

点击成果图件面板的构筑物子节点右键菜单"编辑围岩信息"，弹出编辑围岩分级信息界面，如图5.5所示。

默认显示起始、终止里程，点击"选点新增"，根据提示在图上选择围岩分级点，可选择多个分级点，右键确定，弹出编辑围岩分级信息界面，界面中显示出在图上选取的分级点里程与围岩级别，围岩级别默认为Ⅰ级围岩，可点击下拉列表选择修改。

图5.5　编辑围岩分级信息

点击"输入新增"弹出输入新距离窗口，如图5.6所示。交互模型范围内的里程，交互围岩级别，确定后，编辑围岩分级信息窗口中新增加一个围岩级别。

选中一行（起始、终止里程除外），点击"删除"，将删除该围岩分级。

截面宽度默认为 10，可修改录入，点击"显示截面"，dwg 图中自动在设置的围岩分级点处出现分割该围岩分级的一对透明切面，如图 5.7 所示。

图 5.6　交互里程和围岩分级

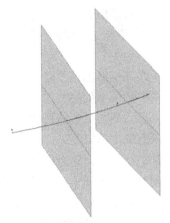

图 5.7　围岩截面

点击编辑围岩分级信息界面的"确定"，此构筑物的围岩分级信息设置完成。

选择菜单【专业应用】→【围岩分级】，弹出创建围岩分级界面，如图 5.8(a) 所示。界面显示有已设置完围岩分级信息的构筑物，勾选需创建围岩分级的构筑物，点击"确定"，构筑物围岩分级创建完成，围岩分级成果保存在"成果图件"面板的围岩分级中，如图 5.8(b) 所示。

(a)

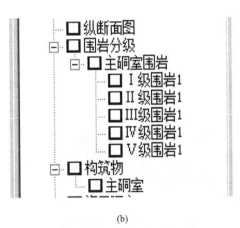

(b)

图 5.8　围岩分级及围岩成果
(a) 创建围岩分级；(b) 围岩成果

一般而言，围岩分级建模时应注意以下事项。

1）根据现行国家标准《工程岩体分级标准》GB/T 50218，围岩共有 5 个等级，以罗马字符表示，从Ⅰ到Ⅴ，实际工程应用中，可能存在某一段岩石按照评价指标位于界限值附近，或性质变化较大，较好围岩和较差围岩相间分布的情况，岩土工程师把某一段围岩等级划分为范围值，如Ⅱ～Ⅲ级，因此，软件中的围岩等级建议分为 9 级，即Ⅰ级、

Ⅰ～Ⅱ级、Ⅱ级、Ⅱ～Ⅲ级……Ⅳ～Ⅴ级、Ⅴ级。

2）终止里程的字符串格式必须合法。

3）如线路存在断链，用户默认不必录入链前或链后信息。如该里程因断链存在二义性，则程序会自动检查提示，此时用户根据提示再补充填写链前或链后即可。

4）围岩分级与是否模型剖切和开挖无关，即围岩分级只针对最原始的三维模型地质体进行剖分。

（2）非线路模型创建围岩

无线路中线模型创建围岩分级的核心是按照用户指定的围岩分界面剖切工程地质体，对剖切生成的分段地质体进行赋值确定围岩等级。

无线路中线模型创建围岩分级可使用围岩建模快捷工具进行创建，先打开围岩等级分级线 dwg 图，点击"创建辅助面"，弹出创建围岩剖切面窗口，如图 5.9 所示。设置围岩剖切面层面宽高，点击"选择围岩线"，在图上选择围岩线，支持多选，右键返回窗口，确定后，围岩剖切面创建成功，如图 5.10 所示。

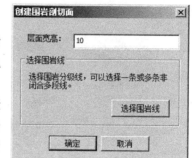

图 5.9　创建围岩剖切面

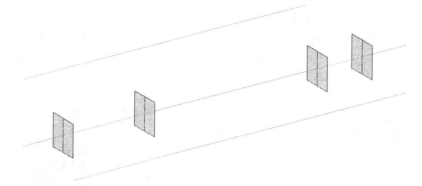

图 5.10　围岩剖切面

勾选需拆分创建围岩分级的地质体，点击"拆分围岩体"，弹出创建围岩分级窗口，如图 5.11 所示。选择创建的围岩剖切面，选择勾选的构筑物或地质体，确定后，构筑物或地质体按围岩剖切面切出围岩，将切出的围岩进行地质对象入库保存，围岩即创建成功，如图 5.12 所示。

图 5.11　创建围岩分级

图 5.12　围岩分级

当从外部导入的构筑物是由多个独立的小构筑物形成的整体，不方便进行切分时，可点击"分离围岩体"，根据 CAD 提示"请选择构筑物"选择需拆分的构筑物，右键进行拆分，拆分后自动给每个单独地质体附加不同的颜色，以便于区分拆分后的单独地质体，如图 5.13 所示。拆分后的构筑物只存在于当前界面中。

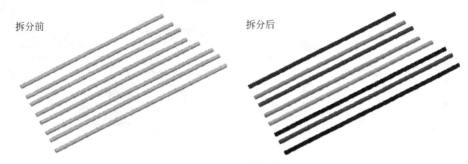

拆分前　　　　　　　　　　　　拆分后

图 5.13　拆分构筑物

创建竖井围岩分级，分为手动拆分创建和自动拆分创建两种方式。

手动拆分创建竖井围岩分级点击"竖井剖切面"，弹出创建竖井围岩面窗口，如图 5.14 所示，点击"导入竖井"，选择竖井围岩 Excel 导入，导入竖井编号显示在界面中，勾选需创建竖井围岩面的竖井，录入层面宽度，确定后，即可创建竖井围岩面，如图 5.15 所示。执行层面拆分三维体拆出竖井围岩，再进行地质对象入库保存即可，如图 5.16 所示。

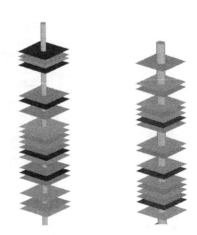

图 5.14　创建竖井围岩面　　　　　　　　图 5.15　竖井围岩面

自动拆分创建竖井围岩分级点击"竖井围岩"，弹出自动创建竖井围岩窗口，如图 5.17 所示，点击"导入竖井"，选择竖井围岩 Excel 导入，导入竖井编号显示在界面中，勾选需创建竖井围岩面的竖井，录入层面宽度，确定后，即可自动生成竖井围岩，如图 5.16 所示。

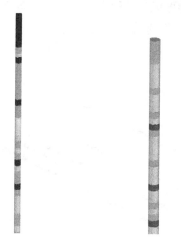

图 5.16　竖井围岩　　　　　　　　　　　　　图 5.17　自动创建竖井围岩

（3）围岩体积查询

围岩分级创建完成后，可进行围岩体积查询。选择菜单【专业应用】→【围岩体积查询】，在弹出的窗口中选择需要查询的围岩分级体，点击"确定"，弹出围岩分级体积查询窗口，查看围岩分级体体积，如图 5.18 所示。

图 5.18　围岩体积查询

5.1.3　涌水点建模

地下水封洞库开挖过程中，将出现大量的涌水点，三维地质模型中应构建涌水点。对水封洞库而言，技术人员主要关注涌水点的水量、水质、位置、涌水方向等信息，对涌水点本身的大小、形状并不关注，因此，涌水点可进行概化，直接作为成果进行展示，无需创建，只要在工程中交互涌水点信息即可，信息应包括三维坐标、涌水量、涌水方向、地下水类型、水质等对工程有影响的重要信息。

交互方式一般有两种，一种是直接在涌水点信息编辑界面进行交互，另一种可以直接导入涌水点 Excel 接口文件，导入后的涌水点数据同样显示在涌水点信息编辑界面。

（1）涌水点信息编辑

在软件界面中直接交互编辑涌水点信息，如图 5.19 所示，可以新增、编辑修改数据，点击"确定"后即入库。交互涌水点信息后，勾选建模数据下涌水点节点，可直接在空间中展示涌水点，如图 5.21 所示。

图 5.19　工程导水裂隙信息

注意：

1）涌水点编号不能存在重复；

2）涌水点编号不能为空；

3）涌水点坐标 x，y，z 值不能为空。

（2）导入涌水点 Excel 接口文件

编辑好涌水点信息表后，亦可通过导入涌水点 Excel 接口文件的方式导入涌水点信息，如图 5.20 所示，选择涌水点 Excel 文件，点击"打开"，涌水点 Excel 中的信息全部正确导入，可打开工程涌水点信息表查看导入信息，在建模数据页面勾选涌水点查看效果图，如图 5.21 所示。

图 5.20　导入文件窗口

地表测绘时发现的泉亦可认为是一种天然形成的涌水点，泉的创建和涌水点的创建可进行合并。参照工程地质图中泉的图例，创建上升泉、下降泉等不同的图例形式，以准确、直观地表达泉的信息，对于施工时揭露的洞室内的涌水点，按照泉的表达方式来看，一般均应为下降泉，出现上升泉的可能性较小。

图 5.21　涌水点显示效果

5.1.4　施工期断层、导水裂隙等工程地质体的建模

地下水封洞库施工时需要持续进行地质素描，将揭露大量新的地质信息，同时也应当不断更新三维地质模型。与常规的三维地质模型相比，建模可用的数据源更丰富，不再限于钻孔数据、物探数据和地表测绘数据。建模方式亦会发生变化，洞室内揭露的地质体分布情况为模型创建施加了大量约束。

5.2　工程地质建模

5.2.1　工程概况

（1）地形地貌

某地下水封洞库所在场区属低山丘陵地貌，整体地势西高东低，北高南低，地面高程相对高差达 150m，地势有起伏。山坡上多为林地、旱地及灌木丛，部分坡面为残坡积土覆盖，覆盖层厚度一般在 0.5～2m。沟谷内多为农田，库址区西南侧有水库分布。场地东侧开阔低洼平坦地带分布较多村落。

（2）地层岩性

场区岩体地质年代属早白垩世，系燕山晚期运动期间侵入，地层岩性主要分为第四系沉积物、早白垩世中粒二长花岗岩（γ_5^3）和煌斑岩脉、石英脉等岩脉。

1）第四系沉积物。第四系沉积物主要以冲洪积物（Q_4^{al+pl}）和残坡积物（Q_4^{el+dl}）为主，部分区域可见第四系冲积物（Q_4^{al}）、第四系湖积物（Q_4^{l}）。

①第四系残积物（Q_4^{el}）。呈褐色、灰黄色、褐黄色，主要成分为砂土、砂质黏土等，厚度为 1.0～1.5m，主要分布于库址区大坡村冲沟内、柚树岭村及东南部地势低平地带，由下伏花岗岩风化残积形成。

②第四系残坡积物（Q_4^{el+dl}）。呈灰褐色，灰黄色，主要成分为砂土、砂质黏土等，厚度为 1.0～3.0m，碎屑物岩性成分与高处岩性基本相同，从坡上往下逐渐变细，厚度在斜坡较陡处较薄，坡脚地段较厚，主要分布于库址区石牛冲沟、牛岭水库冲沟两侧和河边屋村，由下伏花岗岩风化残积后，风化碎屑物由雨水沿斜坡搬运堆积形成。

③第四系坡洪积物（Q_4^{dl+pl}）。呈褐黄色、灰黄色，主要成分为砂土、砂质黏土、含碎石砂质黏土等，厚度为 5.0～10.0m，碎屑物质分选性较差，磨圆度不佳，多成棱角状，主要分布于石牛冲沟中段和牛岭下水库，由暂时性洪流剥蚀搬运残坡积物至平缓地带堆积形成。

④第四系洪积物（Q_4^{pl}）。呈褐黄色和黄色，主要成分为砂质黏土、砂土等，厚度为 7.0～13.0m，具有一定的分选性和磨圆度，砂卵石粒径大小为 1.0～3.5cm，主要分布于石牛冲沟口杨山村处，由石牛冲沟内洪流剥蚀搬运冲沟两侧碎屑物质至沟口处形成。

⑤第四系冲积物（Q_4^{al}）。呈灰色、黄褐色，主要成分为砂质黏土、砂土等，厚度为 8.0～10.0m，分选性及磨圆度均较好，粒径大小为 1.5～3.5cm，颗粒在河流上游较粗，向下游逐渐变细，主要分布于库址区东北部谢大堰屋村、西南部河边屋村等地势平坦、地表水系发育地带，由长期地表水流搬运，在地势平坦处堆积而成。

⑥第四系湖积物（Q_4^l）。呈黄褐色、灰黄色，主要成分为黏土、砂质黏土等，厚度为 12.0～18.0m，颗粒粒度较小，土质较为松软，主要分布于库址区东南部，由残积碎屑物质在静水或缓慢的流水环境中沉积形成。

2）燕山期早白垩世花岗岩（γ_5^3）。库址区内主要岩性为燕山期早白垩世花岗岩，根据风化程度不同，可分为全风化、强风化、中风化和微风化，除此之外，还存在因热液侵入和动力变质作用产生的蚀变现象。

中细粒二长花岗岩呈浅肉红色、青灰色，中细粒花岗结构，块状构造，主要矿物成分为钾长石、斜长石、石英、黑云母及少量副矿物等，节理裂隙稍发育，岩体完整性较好，局部破碎，质地致密坚硬，为坚硬岩，根据风化程度的差异，主要分为以下几层。

①强风化带厚度一般 0.30～43.40m，层底标高一般 5.36～127.44m；该层在大多数钻孔内都有揭露，揭露强风化带一般呈碎块状。

②中风化层厚度一般 0.84～95.00m，层底标高－43.26～115.14m，岩体裂隙发育～较发育，岩体强度中等～较高。

③微风化岩体裂隙稍发育～不发育，局部较发育，岩体强度高。场地部分岩体受碳酸盐化、绿泥石化等蚀变作用的影响，岩体强度有所降低。

3）岩脉。洞库拟建场地内岩脉不发育，主要有石英脉和煌斑岩脉，零星分布在二长花岗岩岩体内，脉岩受岩体内构造、裂隙控制明显，均呈较规则脉状产出，其延展方向与构造基本一致。

①石英脉。乳白、灰白色，油脂光泽，致密块状，主要矿物成分为二氧化硅。呈脉状产出，地表出露显示走向均为北西向，发育规模小。在个别钻孔内有揭露，宽度一般为 3～20cm。库区可见石英脉出露，白色，巨粒结构，块状构造，主要矿物成分为石英和少量白云母，呈脉状产出，岩脉走向 87°，宽度为 30～50m，岩脉较为破碎。

②煌斑岩脉。主要出露于拟建库址区西南部，呈黑色、灰黑色，局部呈暗灰绿色，煌斑结构，岩脉与周围岩体一般接触良好，无明显破碎迹象，岩脉内部节理裂隙不发育，岩体一般较完整，强度高。

（3）地质构造

场区共揭露 4 条断层、2 条破碎带和 5 条节理密集带（图 5.22），断层本身规模较小，伴随断层发育一系列节理，形成规模相对较大的节理密集带，沿断层、节理密集带等构造蚀变现象发育。

5.2.2　三维地质建模

为了查明库址区内花岗岩体岩性的垂向分布特征，包括各种岩性的种类、规模、产状、相互关系，尤其是场地内围岩的矿物组成、岩石结构、深度、厚度、产状及与其他岩性的相互关系等；同时为了获得岩体深部断裂的宽度、破碎程度、活动期次及其对断裂两侧岩石的破坏程度等特征，研究区共施工了 116 个钻孔进行勘察。XKB01、XKB02 等 31 个浅钻孔（小于 50m），主要是为了查明工程施工洞口区的地质情况；XK01～XK55、

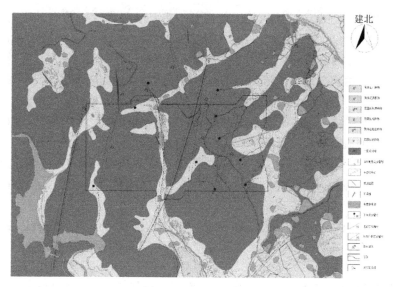

图 5.22　工程地质图

ZK01～ZK22、Z01～Z07 等 85 个 100～200m 深钻孔，主要是为了查明库址区中花岗岩体岩性的垂向分布特征与岩体的深部完整性；ZK05、ZK22、XK13、XK26 等 11 个斜孔是为了针对性地验证和查明地表地质调查与综合地球物理探测所发现的地下水封洞库场址及边界附近断层的深部地质特征。库址区的钻孔位置如图 5.23 所示。

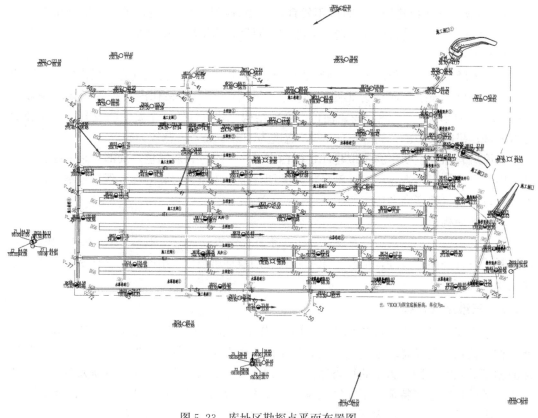

图 5.23　库址区勘探点平面布置图

(1) 三维地质模型构成

本次建模范围为某地下水封洞库场区,建模面积 $6km^2$,模型底面高程为－200m,以 115 个勘察钻孔信息和 24 条三维剖面为基础,由于场区外围钻孔稀疏,建立虚拟钻孔以构建第四系与基岩的地层界线,结合综合工程地质图、勘探点平面布置图等,建立三维地质模型 (图 5.24),包括三维地表模型、三维钻孔模型、三维地层模型、三维构造模型、三维洞室模型、三维洞室围岩等级模型。

图 5.24　三维地质模型爆炸图

本次三维地质模型的建模采用"正向建模"方法,首先以钻孔数据为主构造初步的三维地质体,建立互相交叉的辅助剖面,融合多源精细化勘察信息,对三维辅助剖面进行人工干预调整,保证与实际地质情况一致,然后入库重建精细化三维地质模型,数字化重现各地质体的三维空间形态。建立多源数据库,利用地形图中高程点、等高线和钻孔坐标高程生成地形面;利用构造线和平面产状测量点,生成构造体模型;利用钻孔地层分界和地层线,生成地层面,切割构造体,形成地层模型;根据洞库结构设计图,生成三维洞室结构,形成洞室模型;最后模拟开挖,形成工程地质模型。

(2) 地表三维建模

根据地下水封洞库水力保护边界范围确定建模范围,以 1:1000 地形图为基础生成地形面,通常可采用高程点、等高线、勘探点数据或 DEM 数据生成地形面。经试验对比验证,本书采用"高程点＋勘探点高程"数据结合建模,地形网格均匀化设置为 5m×5m,生成 TIN 模型,如图 5.25 所示。根据等高线复核高程异常值,利用高程点的重置或三角网的调整人工修正,保证地形面平滑。高程点或等高线越密集,生成的地形面效果越精细,但建模时间将大大增加,建模过程中应根据需求选择合适的建模精度,必要时对等高线进行抽稀。

(3) 构造三维建模

根据地质调查、物探及钻孔成果资料,确定了构造性质、断距及断层产状。以综合工程地质图中的构造线为基础,结合露头点量测的产状和钻孔揭露的构造位置推算构造产状,将采用面元展示构造的传统方式改为以体模型的形式展现,建立三维构造模型,解决

图 5.25　地表模型

了面无法准确重现构造空间特征的难题。首先，对综合工程地质平面图中的构造线进行属性赋值，生成三维平面图，确定构造在地表的走向，并以构造发育产状约束构造深部发育倾向，将断层、断层影响带、节理密集带、破碎带创建成构造体，构造体相交时，根据构造发育的主次关系，人工干预确定构造错断情况，建立三维构造模型，如图 5.26 所示。本次共建立 4 条断层体（F1、F3、F4 和 F5）、5 条节理密集带（J1、J2、J3、J4、J5）和 2 条破碎带（P2、P4），其中 F1、F4、F5 构建有断层影响带。三维构造模型可直观展示构造性质、规模和地质体关系信息，对确定构造发育特征具有重要意义。

图 5.26　构造模型

（4）地层三维建模

根据精细化工程测绘和钻孔揭露的地层数据，确定地层出露情况及新老地层关系。首先基于钻孔地层数据，通过自然领域法插值生成地层面，对地质模型进行经过钻孔的剖面剖切，生成二维剖面，在生成的二维剖面中进行人工干预，优化调整地质体界线，并保存到数据库，形成三维剖面连线，如图 5.27 所示。利用剖面图的地层线和地质图上的地质界线与钻孔揭露地层拟合生成地层三维模型。本次三维地质建模中，断层等构造表现形式为体，与地层地质体存在重合部分，考虑到构造对工程影响更大，重合部分的工程性质与一般地层的性质存在较大差异，因此重合部分按构造地质体进行建模，构造边界线作为地层的出露线参与地层体建模，形成三维地层模型。本次共建立 5 层地层模型，从上到下依次为：第四系（Q）、二长花岗岩（γ_5^3）的全风化层、强风化层、中风化层和微风化层，如图 5.28 所示。

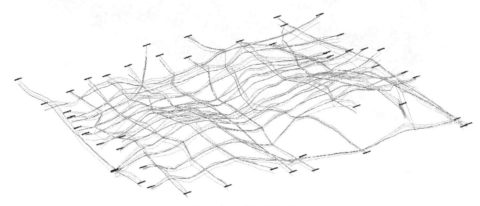

图 5.27　三维剖面图

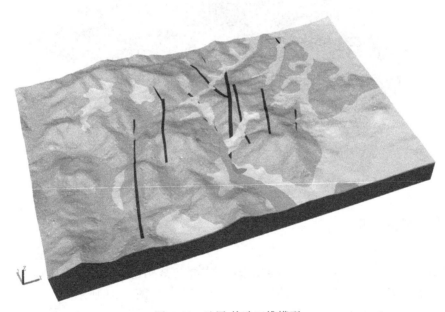

图 5.28　地层-构造三维模型

（5）风化面及地下水面三维建模

根据精细化钻孔揭露的地质信息，确定地层风化情况及地下水位情况。基于钻孔地层数据，根据库区地表起伏情况，通过插值法生成风化面及地下水位面，建立辅助剖面人工调整剖面中风化线和地下水位线，整合生成风化面（图 5.29）及地下水位面三维模型（图 5.30）。

图 5.29   风化面三维模型

图 5.30   地下水位面三维模型

5.2.3   三维模型应用

（1）洞室群建模

根据洞室设计方案，在 AutoCAD 中采用放样的方式构建洞室群模型实体，通过三维地质建模软件的功能，转为 TIN 数据格式的洞室模型，如图 5.31 所示。

（2）三维地质模型的洞室开挖

地表模型、地层模型、构造模型等综合在一起，进行三维可视化分析，可直观地表达地下水封洞库场区地表——地下三维地质模型。地下水封洞库是高边墙、大跨度、无衬砌（或少衬砌）的地下工程，因此对围岩质量有着较高的要求，以确保洞室的围岩稳定性。在三维地质模型中，导入洞库群三维实体模型进行开挖，通过开挖出的洞室模型可直观显示出洞室的岩体发育情况，通过开挖后的三维地质模型可直观了解洞室的围岩发育情况，如图 5.32 和图 5.33 所示。

图 5.31　洞室群模型

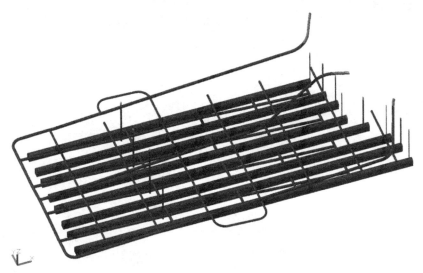

图 5.32　洞室开挖出的地质模型

图 5.33　洞室开挖后的三维地质模型

5.3　洞室的围岩分级

在三维空间中，通过构建的工程地质模型，对于洞室的围岩分级可以更加准确，洞室围岩分级模型可以更直观地呈现不同围岩质量等级的空间分布情况（图 5.34），解决二维剖面交叉点围岩等级不一致的问题。

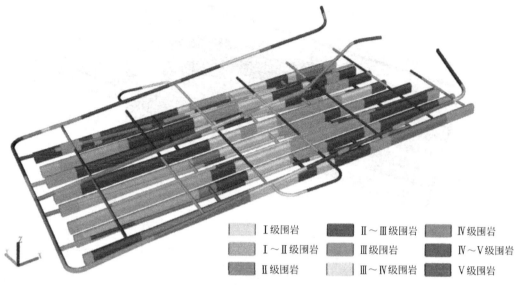

	I 级围岩		II～III 级围岩		IV 级围岩
	I～II 级围岩		III 级围岩		IV～V 级围岩
	II 级围岩		III～IV 级围岩		V 级围岩

图 5.34　洞室围岩分级模型

第6章
三维地质建模在油气工程中的应用

6.1 三维地质建模软件建模指南

6.1.1 数据处理

（1）勘察库的录入

通过理正勘察录入勘察钻孔数据、地下水位数据、剖面图等。

（2）平面图的处理

平面图中等高线要确定延伸至建模范围，为保证地面模型边缘平滑，建模范围应适当小一点，保证建模范围仍有高程点或等高线，如图6.1所示。

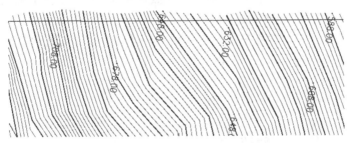

图6.1 平面图边界

若选择钻孔、高程点和等高线共同建模时，要确定钻孔高程点是否与平面图上的高程值范围符合，钻孔坐标是否与平面图一致，尤其需要注意两个问题：①钻孔坐标、平面图坐标是否含有带号应一致；②钻孔 X、Y 的坐标是否需要交换。

平面地形检查：可通过三维地质建模软件【数据导入】→【平面图】→【平面地形检查】，如图6.2所示。

6.1.2 数据导入

（1）勘察数据库的导入

【数据导入】→【导入 GICAD9.5 数据库】→【Output】下选择导入工程，点击"确定"。

勾选要导入的剖面编号进行导入。通过导入勘察9.5数据库，可以把钻孔及地层、剖线导入到三维数据库中，如图6.3所示。

图 6.2　平面地形检查

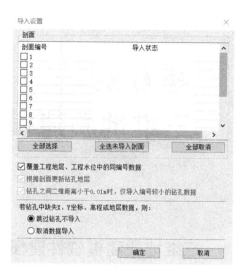

图 6.3　勘察数据库导入

（2）数据录入

在对应工程数据表格中进行增删改等操作。

（3）平面图的导入

1）数据导入：【数据导入】→【平面图】→【导入原始图】，二维平面图导入后，需要先进行底图初始化，根据实际情况，选择是否需要将工程坐标与 CAD 坐标进行转换。

2）底图初始化：打开平面图，选择菜单【数据导入】→【平面图】→【底图初始化】，弹出"底图初始化"窗口，如图 6.4 所示。

3）平面地形预处理：【数据导入】→【平面图】→【平面地形预处理】，可对平面图中的等高线、高程点进行抽稀及修改，如图 6.5 所示。

图 6.4　底图初始化

图 6.5　平面地形预处理

若等高线连接点过密，通过【辅助工具集】→【多段线抽稀】，选择要抽稀的多段线，选择获取样本点方法（0—等距；1—弦高距），根据实际情况和应用要求，设置抽稀方法与条件，软件自动重新绘制一条线段。

4）附地质界线属性：【数据导入】→【平面图】→【附加地质线属性】，如图 6.6 所示，选择地质线后弹出平面图附属性窗口，点击"确定"即提示"附属性成功"，线的颜色变成灰色（断层线等附属性需确定属性库中已导入断层等数据表）。

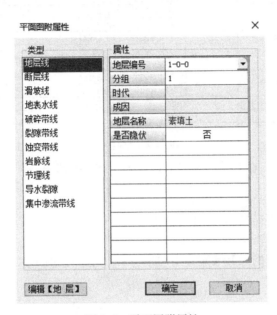

图 6.6　平面图附属性

5）平面图预处理（线路工程应用）：对底图初始化后的平面图进行线路初始化。

【数据导入】→【二维线路】→【线路初始化】，根据 CAD 提示命令，分别完成选择中线；选择线路上的一点；输入冠号及里程，如 K0＋152；选择指定大里程方向；选择是否存在断链？［Y/N］，若存在断链，选择"Y"，根据 CAD 提示命令"请选择断链点"，选择线路上的断链点，录入断链处的里程对应关系，若不存在断链，选择"N"，即可完成线路初始化。

6）生成三维平面图：【数据预处理】→【生成三维平面图】，如图 6.7 所示，可将原始二维平面图投影到地形面或基岩面上，直接参与模型创建。

7）导入平面测量点 Excel 接口文件：【数据预处理】→【导入平面测量点 Excel 接口文件】。

若工程数据有平面露头产状数据，可导入平面产状测量点，如图 6.8 所示，给定平面图中地质线的产状信息，程序自动将产状信息附加到对

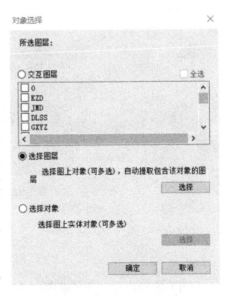

图 6.7　生成三维平面图

应属性的地质线上，用于建模。

	A	B	C	D	E	F	G	H
1	地质类型	地质编号	分组编号	坐标x(m)	坐标y(m)	高程(m)	倾向(°)	倾角(°)
2	断层	F4		-67.984252	344.43176		283.68	85
3	断层	F4		-107.76753	203.720304		282.15	86
4	断层	F4		-199.0702	-290.5535		279.33	82
5	断层	F4		-120.4084	142.9194		281.67	84.3
6	裂隙带	JF4		-67.984252	344.43176		283.68	85
7	裂隙带	JF4		-107.76753	203.720304		282.15	86
8	裂隙带	JF4		-199.0702	-290.5535		279.33	82
9	裂隙带	JF4		-120.4084	142.9194		281.67	84.3
10	断层	F1		472.5926	676.720022		63.18	79
11	断层	F1		536.282	628.5487		73.88	76.5
12	断层	F1		554.3753	508.3812		261.2	83.5
13	断层	F1		572.4109	364.0103		267.37	86
14	断层	F1		583.6911	183.5629		267.08	88
15	断层	F1		561.7684	-10.2359		277	73
16	断层	F1		579.649314	343.362767		267.37	84
17	断层	F1		680.492215	-431.59501		242.63	83

图 6.8　平面测量点导入数据格式

（4）剖面图的导入

1）通过理正勘察库已导入剖面图。

2）单独导入 dwg 文件。

【数据导入】→【已知剖面】→【布置平面剖线】，如图 6-9 所示。

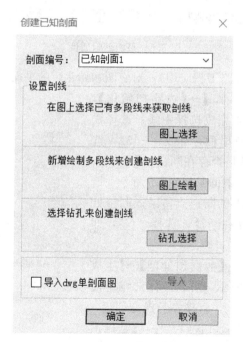

图 6.9　剖面图的导入

①图上选择：在二维平面图中选择已有剖线。

②图上绘制：在二维平面图上手动绘制剖线。

③选择钻孔：在左侧全部钻孔的展示框中选中钻孔添加至右侧已选钻孔展示框中，如图 6.10 所示。

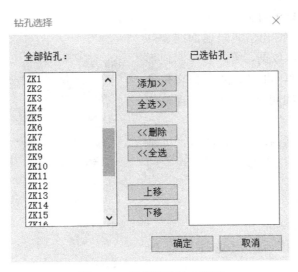

图 6.10　根据钻孔导入剖面

勾选窗口中"导入 dwg 剖面图"，选择要导入的剖面图。

（5）纵断面图的导入（线路工程应用）

【数据导入】→【纵断面图】→【导入原始图】。

【数据导入】→【纵断面图】→【底图初始化】。

CAD 坐标从图上拾取标志性点位，交互拾取点对应的中线里程和高程，完成比例尺的设置，选择里程增大的方向，如图 6.11 所示。

图 6.11　纵断面图的初始化

附地质界线属性：【数据导入】→【纵断面图】→【附加地质线属性】，并入库保存。

6.1.3　创建地形面

（1）地形面的创建

【地表地形建模】→【创建地形面（综合数据）】。

数据源的选择：钻孔、剖面地面线、高程点、等高线、DEM 数据，可综合绘制地形面。模型范围较大时，可在等高线和高程点中任选一项，等高线可进行抽稀处理，如图 6.12 所示。

创建地形面时，若存在突兀的点，可进行三角网换边或拖拽层面结点完成高程点的修改设置。

模型范围的选择。

①自动计算范围。

②任意形状范围：图上选择闭合的 pline 线。

模型底面的设置。

①底高程：模型底面高程。

②模型厚度：以创建地形面所用数据源中高程数据的最小值为顶，到模型厚度范围为止所在的底面为模型底面。

（2）导入地形面

通过导入 .stl 和 .3ds 文件，可直接导入地形面模型，如图 6.13 所示。

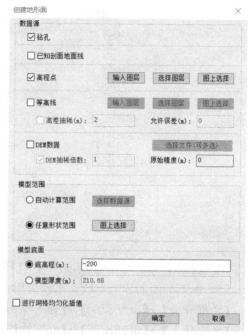

图 6.12　创建地形面

图 6.13　地形面的创建

6.1.4　创建地表水

（1）创建地表水体（河底是地形面）（优先选择）

【工程地质建模】→【地表水（体）】→【创建地表水（河底地形）】。

创建地表水面，在地表水体范围内，尽可能短地画一条"多段线"。

步骤：将已画"多段线"复制到建模辅助平面图中，选择中线，设置水面高程，确定即可生成地表水体。

（2）创建地表水体（河顶面是地形面）

【工程地质建模】→【地表水（体）】→【基于河面地形创建】。

数据来源：平面图数据和剖断面数据中附属性的地表水线。

1）显示地表水数据。选择"显示地表水数据"，显示平面图、剖断面图中的地表水界线以及模型轮廓线。若平面图已有地表水体的边界范围，则可直接选择"创建地表水（河面地形）"。

平面图中附加属性并入库的地质线必须生成三维平面图才能参与建模。

2）绘制地表水界线。如果平面图中无地表水边界线或与所期望边界线形状有所出入，可选择"绘制边界线"，如图 6.14 所示，绘制边界线。

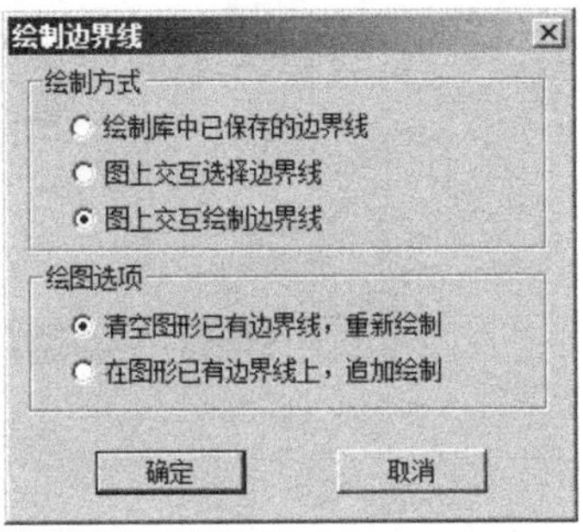

3）保存地表水界线。绘制边界线或对边界线进行修改后，保存边界线。

图 6.14　地表水边界线的绘制

4）创建地表水（河面地形）。点击"创建地表水（河面地形）"，交互地表水体名称，并选择创建区域方式，如图 6.15 所示。

选择"图上绘制填充区域"，dwg 界面保留模型轮廓线和地表水边界线，绘制表示地表水平面范围的填充后，按照绘制区域创建地表水体。

选择"图上选择填充区域"，返回 dwg 界面选择图中已有的填充来表示地表水区域范围，选中填充后，空格返回，创建地表水体。

图 6.15　创建地表水

6.1.5　地层的创建

（1）剥层法建模（优选）

适用范围：模型范围内地层较破碎，同一地层多处分布的情况。

1）显示地层出露点。地层出露点：对于钻孔来说，只要某一地层在钻孔处揭露，则此地层在钻孔处就有地层出露点，对于剖线来说，某一地层的尖灭处即为出露点，如图 6.16 所示。

图 6.16　地层出露点示意图

【地质要素建模】→【地层（体）】→【显示地层出露点】，如图 6.17 所示。

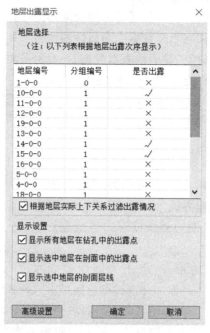

图 6.17 地层出露显示

　　窗口中列出钻孔和剖面数据中所有地层和分组，是否出露列项下，"√"表示该地层出露，"×"表示该地层未出露。

　　根据地层出露次序，可通过自动计算边界线依次自动创建地层体，但在地层存在逆序或重复的情况下，为保证地层创建符合地质情况，通常选择手工创建。

　　①显示所有地层在钻孔中的出露点：勾选此项，表示钻孔在基准面处所有地层的出露点均显示（绿色点所示），如图 6.18 所示。

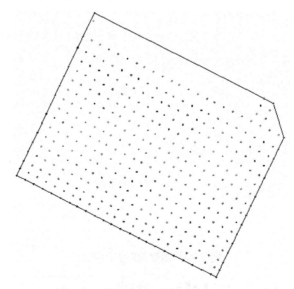

图 6.18 钻孔中的地层出露情况显示

②显示选中地层在剖面中的出露点：勾选此项，显示选中地层在剖面中的出露点，如图 6.19 所示。

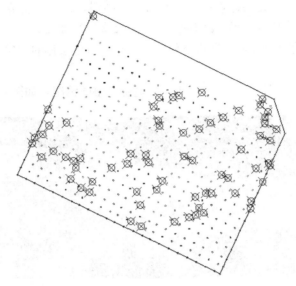

图 6.19 剖面中的地层出露情况显示

③显示选中地层的剖面层线：勾选此项或三者全部勾选，显示选中地层在剖面中对应的地层线码，如图 6.20 所示。

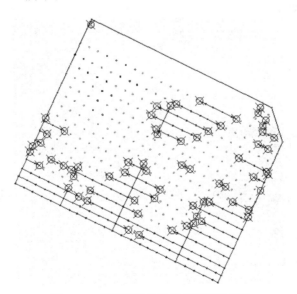

图 6.20 剖面层线的地层出露情况显示

2）绘制地层边界线并保存。根据地层的出露情况绘制地层边界线，并入库保存。

3）创建地层体。创建地层窗口中，编号和分组自动读取显示地层出露点时所选地层，图上绘制或选择表示地层平面范围的填充区域，图上绘制或选择的个数即为交互地层区域，点击"确定"，即可进行创建。

4）辅助剖面的创建。【数据预处理】→【辅助剖面】→【创建辅助剖面】（可在图上选择或图上绘制或选择钻孔创建剖线）。

根据已创建好的三维地层体，进行辅助剖面的剖切，根据地质情况，加以人工修正，需对辅助剖面线进行多段线抽稀（【辅助工具集】→【多段线抽稀】，选择待抽稀线并输入点间距），将辅助剖面存在的矛盾问题进行纠正后，再进行地层体的重建。

（2）层面法建模

适用范围：地层在模型范围内为连通层，地层完整的情况，如图 6.21 所示。

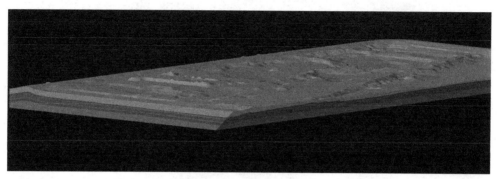

图 6.21　层面法建模

创建地层面：【工程地质建模】→【地层（面）】→【创建地层面】，如图 6.22 所示。

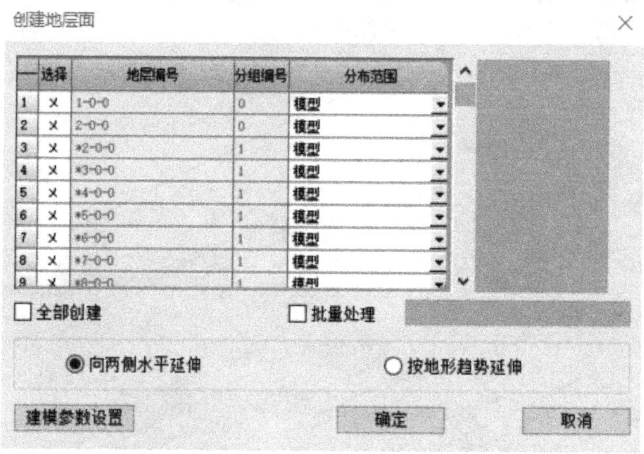

图 6.22　层面法创建地层

勾选层面，进行地层面的创建。

6.1.6　地质构造的创建

（1）创建断层面

【二维平面图预处理】（附加地质线属性）→【入库保存】→【生成三维平面图】→【工程地质建模】→【创建断层面】。

若存在地表露头，则数据预处理→导入平面测量点 Excel 接口文件。

若存在钻孔揭露，则数据预处理→导入钻孔信息 Excel 接口文件。设置顶深标记："1" 或 "2"，"空" 则为不参与建模。

（2）创建断层带

1）断层数据的录入。

【地质信息编辑】→【断层信息编辑】，如图6.23所示。

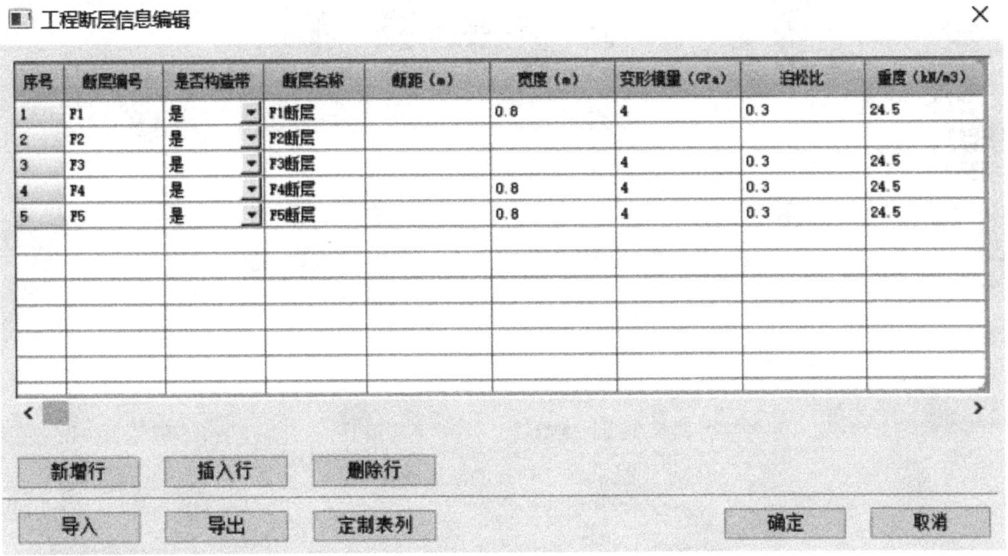

序号	断层编号	是否构造带	断层名称	断距（m）	宽度（m）	变形模量（GPa）	泊松比	重度（kN/m3）
1	F1	是	F1断层		0.8	4	0.3	24.5
2	F2	是	F2断层					
3	F3	是	F3断层			4	0.3	24.5
4	F4	是	F4断层		0.8	4	0.3	24.5
5	F5	是	F5断层		0.8	4	0.3	24.5

工程断层信息编辑

新增行　　插入行　　删除行

导入　　导出　　定制表列　　　　确定　　取消

图6.23　断层数据

2）数据来源。

①平面图数据：平面图断层带线有两条，人为规定两条断层带线分别为线1和线2，对两条断层带线分别附加线1和线2属性，如图6.24所示。

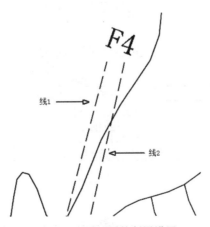

图6.24　平面图的断层设置

如果该断层带为隐伏断层带，在"是否隐伏"处选择"是"，则附加为隐伏断层带线属性。

②剖面图数据：纵断面数据、已知剖面及辅助剖面数据中附加属性并入库的断层线。

③钻孔数据：【数据预处理】→【孔内信息批量编辑】，如图6.25所示。

④平面露头产状：【数据预处理】→【导入平面测量点Excel接口文件】，如图6.26所示。

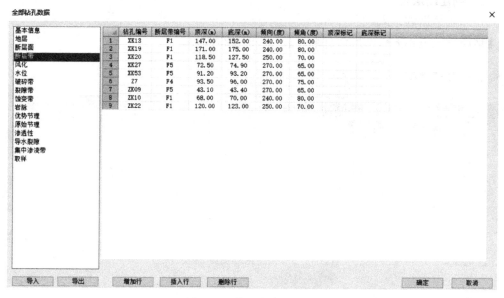

图 6.25　钻孔的断层设置

	A	B	C	D	E	F	G	H
1	地质类型	地质编号	分组编号	坐标x(m)	坐标y(m)	高程(m)	倾向(°)	倾角(°)
2	断层	F4		-67.984252	344.43176		283.68	85
3	断层	F4		-107.76753	203.720304		282.15	86
4	断层	F4		-199.0702	-290.5535		279.33	82
5	断层	F4		-120.4084	142.9194		281.67	84.3
6	裂隙带	JF4		-67.984252	344.43176		283.68	85
7	裂隙带	JF4		-107.76753	203.720304		282.15	86
8	裂隙带	JF4		-199.0702	-290.5535		279.33	82
9	裂隙带	JF4		-120.4084	142.9194		281.67	84.3
10	断层	F1		472.5926	676.720022		63.18	79
11	断层	F1		536.282	628.5487		73.88	76.5
12	断层	F1		554.3753	508.3812		261.2	83.5
13	断层	F1		572.4109	364.0103		267.37	86
14	断层	F1		583.6911	183.5629		267.08	88
15	断层	F1		561.7684	-10.2359		277	73
16	断层	F1		579.649314	343.362767		267.37	84
17	断层	F1		680.492215	-431.59501		242.63	83

图 6.26　断层的露头产状

3）创建断层带。

【工程地质建模】→【断层带（体）】→【创建断层带】，如图 6.27 所示。

4）断层带的后处理。当生成断层＋断层带时，【模型创建】→【层面拆分三维体】，被拆分的三维体选择断层带，层面数据选择断层，断层带拆掉断层，入库保存三维体至断层带即可。

裂隙带、破碎带、蚀变带和岩脉的创建方式同上，无需后处理。

图 6.27　断层带体的创建

6.1.7　创建风化面

（1）数据来源

1）剖断面数据：包括纵断面数据、已知剖面及辅助剖面数据中的附加属性入库的风化线。

2）钻孔数据：【数据预处理】→【孔内信息批量编辑】，在钻孔编辑界面左侧找到风化，右侧交互风化面的深度位置，如图 6.28 所示。

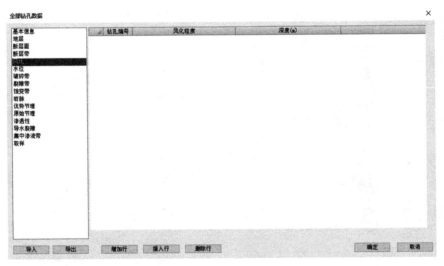

图 6.28　风化面数据设置

（2）创建风化面（综合数据）流程

【工程地质建模】→【风化（面）】→【创建风化面（综合数据）】，如图 6.29 所示。
选择风化数据，生成风化面。

图 6.29 风化面的创建

（3）创建风化面（纵断面数据）流程

【工程地质建模】→【风化（面）】→【创建风化面（纵断面数据）】。

6.1.8 创建透镜体

（1）数据来源

1）钻孔透镜体地层：在钻孔数据编辑中，如果地层类型标记为透镜体，则该地层为透镜体地层，参与透镜体创建，如图 6.30 所示。

图 6.30 钻孔中透镜体的数据设置

2）剖面数据：在纵断面、已知剖面或辅助剖面图中附加属性并入库的透镜体线。

（2）创建透镜体

1）显示透镜体建模数据。

【工程地质建模】→【透镜体（体）】→【显示透镜体建模数据】，如图 6.31 所示。

地层编号	分组编号	透镜体所在主层
2-0-0	1	3-3-0
2-0-0	2	3-3-0
2-0-0	3	3-3-0
2-0-0	4	3-3-0

图 6.31 透镜体的建模数据

选择要显示的透镜体，点击"确定"，透镜体线和钻孔将以俯视图形式显示在 dwg 图中，如图 6.32 所示。

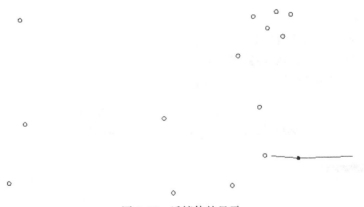

图 6.32 透镜体的显示

2）绘制透镜体边界线。

【工程地质建模】→【透镜体（体）】→【绘制透镜体边界线】，手动绘制透镜体边界线，并进行保存。

3）创建透镜体边界线。

【工程地质建模】→【透镜体（体）】→【创建透镜体】，如图 6.33 所示。

透镜体名称可进行编辑修改，生成方式下拉列表中有 5 种方式，分别是任意剖面插值、单剖面扫掠、多剖面不相交放样、多剖面相交放样和不规则透镜体创建，不同生成方式附有生成演示，常规操作多选择"任意剖面插值"。

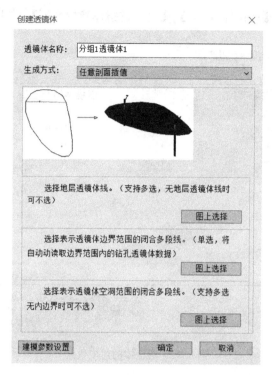

图 6.33　透镜体的创建

6.1.9　创建地下水位面

（1）数据来源

1）剖断面数据：纵断面数据、已知剖面及辅助剖面数据中附加属性并入库的水位线。

2）钻孔数据：【数据预处理】→【孔内信息批量编辑】，在钻孔编辑界面左侧找到水位，右侧交互水位面的深度位置，如图 6.34 所示。

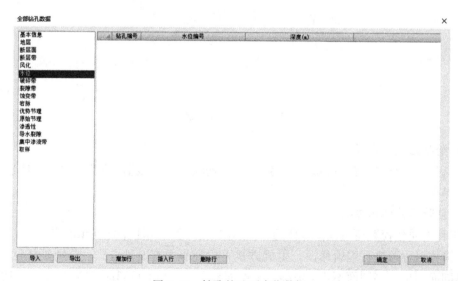

图 6.34　钻孔的地下水位数据

（2）创建水位面（综合数据）流程

【工程地质建模】→【地下水（面）】→【创建水位面（综合数据）】，如图 6.35 所示。

选择水位编号、建模参数设置，生成地下水位面。

（3）创建水位面（纵断面数据）流程

【工程地质建模】→【地下水（面）】→【创建水位面（纵断面数据）】。

6.1.10　围岩分级

（1）非线路模型创建围岩

打开已有洞室轴线围岩分级图→左侧工具栏【创建围岩剖切面】→选择围岩线，即出现分割该围岩分级的透明切面→打开洞室模型→左侧【创建围岩分级】选择剖切面和构筑物→【分离围岩体】，删除除目标围岩分级以外的构筑物模型→【模型创建】→【地质对象入库】→入库到成果图件，如图 6.36 所示。

图 6.35　地下水位面的创建

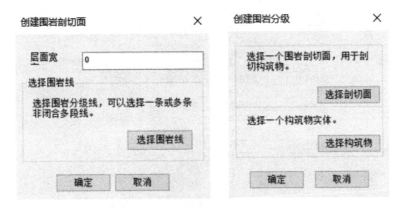

图 6.36　围岩分级的创建

（2）线路模型创建围岩

1）设置围岩信息。

【专业应用】→【围岩分级】→【设置围岩信息】，选择构筑物并设置围岩轴线，如图 6.37 所示。

2）编辑围岩分级信息。

【专业应用】→【围岩分级】→【编辑围岩分级信息】，如图 6.38 所示。

3）创建围岩分级。

【专业应用】→【围岩分级】→【创建围岩分级】，即可生成围岩分级模型，如图 6.39 所示。

6.1.11　模型开挖

（1）参数化模型开挖

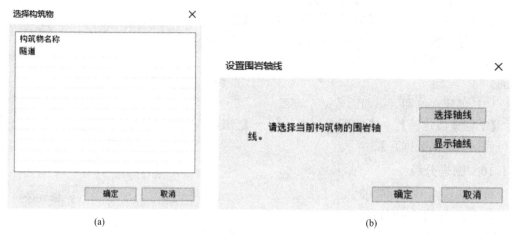

（a） （b）

图 6.37　围岩分级

（a）构筑物的选择；（b）围岩轴线的选择

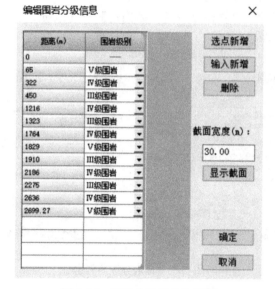

图 6.38　围岩分级信息的编辑

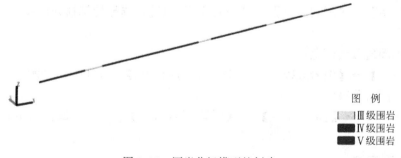

图 6.39　围岩分级模型的创建

参数化隧道模型：【专业应用】→【参数化建模】→【隧道】，如图 6.40 所示。

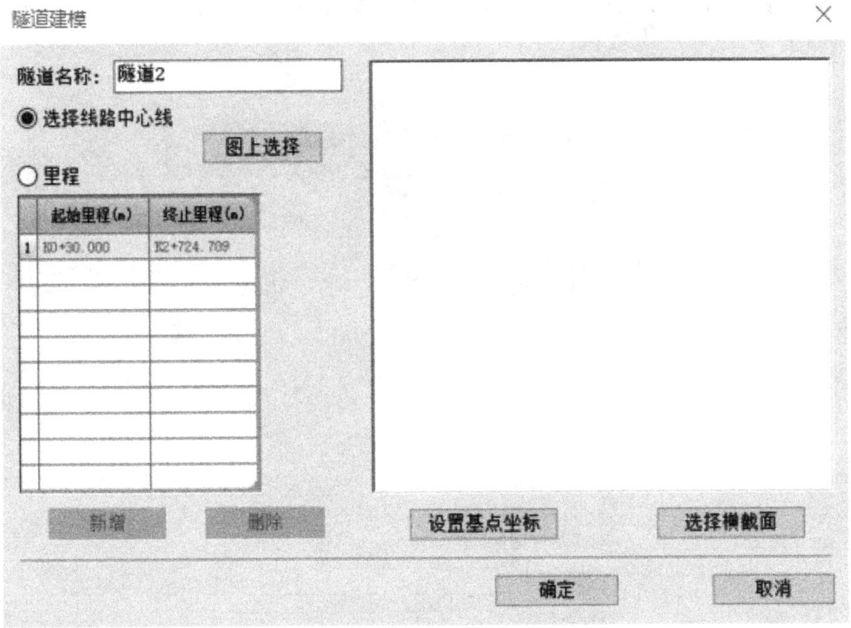

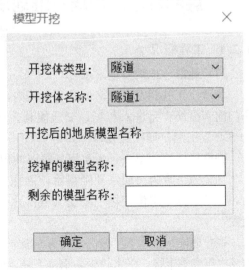

图 6.40　隧道建模

隧道范围可在图上选择线路中心线，或通过起始里程和终止里程选择里程，选择横截面 dwg 文件，即可录入需建隧道信息。

隧道建模显示在右侧参数化模型下，可通过右键点击隧道名称，查看、修改隧道属性，如图 6.41 所示。

【专业应用】→【参数化建模】→【参数化模型模拟开挖】，选择模型体，设置模型开挖信息，确认开挖，如图 6.42 所示。

图 6.41　参数化模型的显示

图 6.42　参数化模型的开挖

（2）导入外部实体模型开挖

【专业应用】→【参数化建模】→【导入外部实体模拟开挖】，如图 6.43 所示。

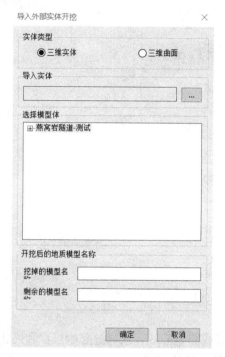

图 6.43　外部实体模型的开挖

导入外部实体支持 .stl 和 .3ds 格式，外部实体选取完毕后，再选择模型体，设置模型名称，确定开挖即可。

6.2　胜利发电厂灰场三维地质建模

6.2.1　工程概况

（1）地形、地貌及地下水

场地位于胜利发电厂南侧胜利灰场内，地面起伏较大，局部为深坑，可沿胜利发电厂东门向南沿沥青路进入灰场，交通便利。地面标高为绝对高程，依据已知控制点，采用 GPS 高程引测，勘探孔孔口标高为 4.00～13.52m。

勘察场地地貌单一，为黄河三角洲冲积平原。

场地地下水为第四系孔隙潜水，勘探期间地下水位埋深 2.10～5.70m，地下水无压力，流动缓慢。水位变化主要受大气降水影响，补给主要靠大气降水补给，排泄主要靠蒸发。

拟建地段地下水常年最高水位为 0.50m。每年夏季降雨量较大，地下水位上升较快，冬季及次年春季干燥，降水较少，水位下降，地下水埋深变化幅度一般情况为 0.50～4.00m。

（2）地质构造及地震

东营市地处华北坳陷区之济阳坳陷东端，地层自老至新有太古界泰山岩群，古生界寒武系、奥陶系、石炭系和二叠系，中生界侏罗系、白垩系，新生界第三系、第四系；缺失元古界，古生界上奥陶统、志留系、泥盆系、下古炭统及中生界三叠系。凹陷和凸起自北而南主要有：埕子口凸起（东端）、车镇凹陷（东部）、义和庄凸起（东部）、沾化凹陷（东部）、陈家庄凸起、东营凹陷（东半部）、广饶凸起（部分）等。

黄河三角洲大地构造位于华北平原坳陷区济阳坳陷的东北部。济阳坳陷的基底为稳定的前震旦系~下白垩统。燕山运动使地台断裂活化，发生块断解体、陷落，形成强烈的剥蚀与快速充填，导致同生沉积构造十分发育。因此，凸起与凹陷是黄河三角洲主要的构造单元。

（3）地层分布及岩土性质

根据钻探揭露结果，场地勘察深度范围内所揭露地基土共划分为 7 大层，除 1 层粉煤灰外，其余地层均由第四纪黄河三角洲新近沉积和一般沉积的黏性土、粉土（砂）构成。各地层分述如下。

1 层：冲填土（粉煤灰）（Q_4^{ml}），灰色~灰黑色，含少量植物根系，近粉土，填埋年限为 1~30 年，该层因含水量不同力学性质变化较大，整体结构松散，局部机械碾压处较密实；该层普遍分布，根据钻孔揭露，厚度为 4.10~10.80m，层底标高为 1.21~4.55m。

2 层：粉土（Q_4^{al}），黄褐色，中密~密实，湿~很湿，土质较均，粒细，含云母、氧化铁斑，摇振反应迅速，局部夹粉质黏土薄层；场区普遍分布，根据钻孔揭露，厚度为 1.00~5.00m，层底标高为 -1.80~1.81m。

3 层：粉质黏土（Q_4^{al}），黄褐色，软塑~可塑，土质较均，含粉粒较多，含氧化铁斑，局部夹黏土薄层；场区普遍分布，根据钻孔揭露，厚度为 0.30~2.30m，层底标高为 -2.10~1.00m。

4 层：粉土（Q_4^{al}），黄褐色~灰褐色，中密~密实，湿~很湿，土质较均，粒细，含云母、氧化铁斑，摇振反应迅速，局部夹粉质黏土薄层；场区普遍分布，厚度为 1.90~7.10m，层底标高为 -7.74~-2.17m。

5 层：粉质黏土（Q_4^{al}），灰色，软塑~流塑，土质不均，夹粉土及黏土团块，含少量有机质，含黏粒较多；场区普遍分布，根据钻孔揭露，厚度为 0.20~1.80m，层底标高为 -8.84~-3.16m。

6 层：粉土（Q_4^{al}），灰色，中密~密实，湿~很湿，土质较均，粒细，含云母、氧化铁斑，摇振反应迅速；场区普遍分布，厚度为 0.90~5.50m，层底标高为 -12.03~-5.74m。

7 层：粉质黏土（Q_4^{al}），褐灰色，软塑~可塑，土质不均，含黏粒较多，局部近黏土，夹粉土及黏土薄层，含少量有机质，切面细腻光滑；场区普遍分布，该层未揭穿，层顶标高为 -10.34~-7.11m。

6.2.2　三维地质模型信息数据

有效地质数据主要包括：钻孔数据，场区按 100m×100m 方格网共布置 62 个勘探点，其中钻探孔 10 个，孔深 19.00~29.00m；静力触探孔 52 个，孔深 15.00~20.00m；1:1000 胜利发电厂灰场场区地形图。基于平面图及钻孔数据，实现胜利发电厂灰场场区三维地质建模。

钻孔数据采用数据库管理系统建立，数据库建立后利用三维地质建模软件提供的数据库接口工具，将钻孔数据导入并参与到建模中，可展现钻孔在三维空间的分布情况，如图 6.44 所示。

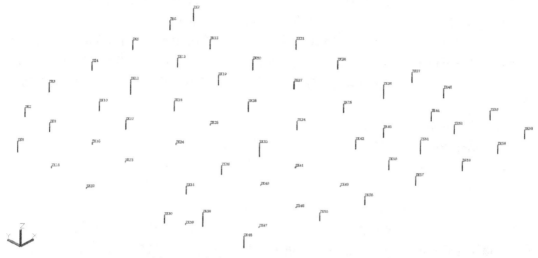

图 6.44 胜利发电厂灰场场区钻孔三维分布图

在三维空间中，多幅剖面图之间存在着交错的关系，而在单幅二维剖面图中读取信息不利于对剖面数据的检查，软件提供了在三维环境下显示剖面图的功能。根据钻孔揭露地层建立三维地质连层，如图 6.45 所示。

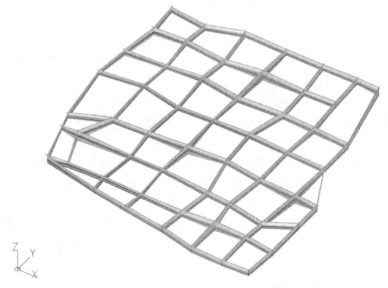

图 6.45 胜利发电厂灰场场区三维地质连层

6.2.3 三维地质模型建立

（1）基于地形图＋钻孔数据构建地表面

以 1∶1000 地形图为基础，辅以钻孔坐标数据，生成地形面。地形网格均匀化设置为 5m×5m，生成 TIN 模型。

（2）构建三维地质模型

基于钻孔数据构建三维地质模型。该模型地层为典型土层堆叠沉积，本次共建立 7 层地层模型，分别为 1 层冲填土（粉煤灰）（Q_4^{ml}）、2 层粉土（Q_4^{al}）、3 层粉质黏土（Q_4^{al}）、4 层粉土（Q_4^{al}）、5 层粉质黏土（Q_4^{al}）；6 层粉土（Q_4^{al}）；7 层粉质黏土（Q_4^{al}）。

场区地面起伏较大，通过网格精细化，生成模型较为符合实际地形。根据钻孔揭露地层数据，利用空间插值、细化处理，设置层底高程为 $-10m$，从而生成地层模型，如图 6.46、图 6.47 所示。

图 6.46　胜利发电厂灰场场区地层模型

图 6.47　胜利发电厂灰场场区地层模型放大图

6.3　长江盾构隧道工程三维地质建模

6.3.1　工程概况

川气东送二线天然气管道工程（川渝鄂段）是川气东送二线管道工程的西段工程，是四川盆地上产天然气和富余调峰气重要的外输通道，管道起自四川威远，途经重庆，止于湖北潜江（含潜江站），全长 1065km。

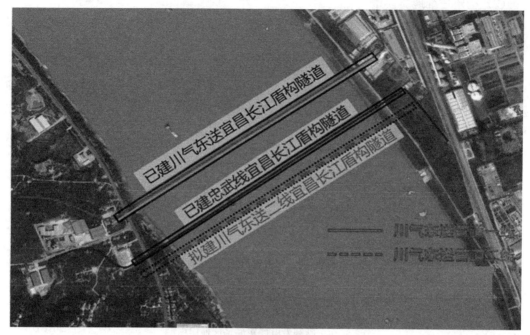

图 6.48　穿越地理位置示意图

宜昌长江穿越位于湖北省宜昌市下游约 30km 的红花套-云池长江河段（图 6.48），南岸行政区划属宜都市红花套镇吴家岗村，北岸为宜昌市猇亭区管辖，拟采用盾构方式穿越，穿越长度约 1400m，盾构隧道置于河床下 25～30m，从南向北施工，南岸竖井 $\phi14m$，北岸竖井 $\phi16m$，隧道洞径 4.25m，穿越段水面宽度约 1120m。穿越处概况见表 6.1。

穿越隧道概况一览表　　　　　　　　　　　　　　　表 6.1

井位	X(m)	Y(m)	方位	穿越位置	穿越长度	隧道类型
出发井	37541052.324	3374136.843	南岸	红花套-云池长江河段	1400m	中长隧道
接收井	37542221.429	3374939.103	北岸			

（1）地形地貌

工程区地处黄陵山地与江汉平原接壤的丘陵地带，处于山区型向平原型过渡地段，江面由狭窄而趋于开阔。境内地貌大致分为低山、丘陵、岗状平原三种类型。其中低山、丘陵约占 70%，马路至猇亭一带海拔 57～59m；往东北为低山丘陵分布，海拔在 100～200m 之间。

（2）水文条件

本河段的径流主要来自上游，河段内宜昌水文站为长江中游重要控制站，根据历史资料记载，宜昌水文站一百多年的水位观测，历史最高水位为 1896 年 9 月 4 日的 53.78m，多年平均江水位 41.83m，最低水位为 2003 年 2 月 9 日的 35.91m。通过查找上游忠武线穿越相关报告可知，1954 年该范围洪水位 51.59m，略低于当前北岸堤防堤顶高程 52.65m。因三峡大坝和葛洲坝等水利枢纽的修建，长江水位保持在一定范围内波动。

长江水位枯水季节一般为 36.50m 左右，洪水季节一般为 40~50m 不等。勘测期间，场地河段江水位为 36.5~44.6m，地形测绘时场地河段江水位为 36.5m。

（3）区域地层

根据区域资料及现场踏勘，工程区及其附近地层从新到老主要有第四系全新统平原组冲积层（Q_4p）、上更新统宜都组（Q_3y）、中更新统善溪窑组（Q_2s）、下更新统云池组（Q_1y），下覆基岩为中生界白垩系上统红花套组（K_2hn）、罗镜滩组（K_2lj）和白垩系下统五龙组（K_1w），西部山区分布部分其他时期的地层。

（4）区域构造

工程区位于扬子准地台中部，主要涉及上扬子台褶带及江汉-洞庭断陷两个二级构造单元。输气管道工程位于江汉坳陷所属宜昌单斜断凹西缘，西与上扬子台褶带接壤。在长期地质发展史中，主要经历了晋宁期、燕山期、喜山期三期较强烈的构造变动，上部地壳构造演化属相对稳定的地台型范畴。岩浆侵入活动不强烈，主要发生在晚元古代（前震旦纪），中、新生代较弱，局部地区（如江陵等地）有零星活动。

深部构造不复杂，通过本区的重力异常梯级带，属中国东部近南北向巨型梯级带的一部分，在本区主要是莫霍面呈向西缓倾斜坡，其西部鄂西山地为幔凹，东部江汉平原为幔隆，不存在与之对应的深大断裂。地壳结构较完整，成层性较好，基本处于均衡状态，虽调整将会继续，但过程缓慢，幅度极小，深部不存在孕育强震的构造背景。

新构造运动总的特征，是鄂西山地大面积间歇隆升，并不断扩展，相邻东部江汉盆地相对下降，但不断退缩，二者间基本呈连续过渡，董市-松滋一线可能呈拗折形式向江汉盆地过渡。第四纪特别是中更新世以来，随鄂西山地的不断隆升，亦是整体向东倾斜式上升，组成统一的正向构造单元，无明显的断折或差异性变化。现今构造运动总体仍以整体运动为主，变化平缓，差异活动微弱，并趋稳定。

（5）隧道基本地质条件

1）地形地貌。

工程区地处鄂西山地与江汉平原过渡地带，北岸低山丘陵与山前平原均有分布，南岸以丘陵为主。

北岸长江大堤堤内 350m 范围内地势平坦开阔，地面高程 48~53m，主要为旱地，植有柑橘及蔬菜。水系主要为民用灌渠及集水池。堤外属长江漫滩，滩宽约 50m，地面高程 39~50m，汛期大多淹于水下。大堤呈 NW320° 展布，堤顶高程一般为 52.7~54m，高 3~4m，宽约 4m。

南岸以红宜公路为界，公路南侧为由长江二级阶地形成的丘陵区，地面高程 51~75m，地势蜿蜒起伏，靠近公路一带为缓坡，地势较平坦，地面高程 48~51m。公路北侧即为长江岸坡，坡角约 30°，见素砌块石护岸。红宜公路与穿越轴线近垂直，路面宽约 12m，高程 55.1~55.6m。

管线穿越处长江流向 SE140°~SE156°，河谷断面地形总体上较平缓对称，南岸稍陡，北岸较平缓。枯水期江面宽 980m（水位 36.3m），洪水期江面宽 1150m（水位 50.00m）。

勘测资料表明，管线轴线断面处基岩面形态与河床地形形态不尽一致。

河床地形起伏差不大，总的趋势是主槽偏南岸，长江主泓偏向南岸。最低点地面高程 21.43m，主河床地段（K0+230~K1+279.8）地形较平坦，高程为 22~41m。向两岸呈平缓状（平均坡度 1°～4°）与河漫滩相接，两岸河漫滩平缓。

管线处的河床基岩面与河床地形形态不一致，基岩面整体呈现由南岸向北岸逐渐降低的趋势，高程由 22.67m 降低至－4.6m 左右，大致呈 2°～5°倾角向北倾斜。上覆第四系冲积层随基岩面降低向北岸逐渐增厚。这种不协调现象是因上游河水携带大量泥沙和石块，堆积使得河道主槽产生由北向南的偏移所引起的。

勘测期属长江丰水期，常水位高程 41m，主河床一般水深 9～17m，最深约 19m，向两岸岸边水深变浅，边滩水深 0～4.5m。

2）地层岩性。

① 第四系。

工程区广泛分布第四系覆盖层，为全新统（Q_4^{al}）及上更新统（Q_3^{al}）地层。根据钻探资料，结合临近工程相关勘察成果，将工程区范围地层岩性自上而下（从新到老）分述如下。

（a）层粉质黏土（Q_4^{al}）：褐黄色～深灰色，土质不均匀，夹粉土，可塑状为主，南岸分布面积较小，钻孔揭露厚度 6.6～9.6m，分上下两层，分布高程 46.6～49.6m、38.7～42.9m；北岸分布面积较广，钻孔揭露厚度 9.8～10.8m，分布高程 38.0～48.3m；含少量碎石，黏粒含量较高；土石等级为Ⅱ级，土石分类为Ⅱ类。

（b）层卵石（Q_4^{al}）：杂色，密实状为主，主要成分为石英砂岩、灰岩、花岗岩等，直径一般 10～16cm，间夹漂石（含量约 10%～30%），部分直径大于 30cm，广泛分布于河床、漫滩及北岸；河床钻孔揭露厚度在 1.4～31.8m，北岸钻孔揭露厚度大于 34.1m，由河床向北岸逐渐增厚，分布高程 53.1～－4.6m；土石等级为Ⅵ级，土石分类为Ⅵ类。

（c）层粉质黏土夹少量粉土（Q_3^{al}）：分布于南岸，粉质黏土呈褐黄色，呈可塑～硬塑状，粉土一般中密状，稍湿，厚度一般在 9.4～31.8m 范围，分布高程 38.7～57.1m；土石等级为Ⅱ级，土石分类为Ⅱ类。

（d）层卵石（Q_3^{al}）：中密～密实状为主，杂色，含量约 50%～80%，主要成分为石英砂岩、灰岩、花岗岩等，直径一般 2～10cm，夹少量砾石、砾砂和漂石，部分直径大于 30cm，广泛分布于南岸，钻孔揭露厚度在 10.9～16.3m，分布高程 22.7～46.0m；土石等级为Ⅵ级，土石分类为Ⅵ类。

根据钻探资料结合物探资料综合分析，覆盖层厚度分布情况为：北岸 50.3～52.8m（ZK20～ZK22 钻孔未揭穿）；南岸 22.7～26.9m；已探明部分河床及漫滩覆盖层厚度在 1.4～31.8m 范围，总体上从南岸向北岸逐渐增厚。各地段覆盖层典型剖面示意图，如图 6.49 所示。

② 基岩。

根据现有的勘测资料，工程区隧道管线的基岩地层为白垩系上统红花套组第三段（K_2hn^3）紫红色中厚层～厚层泥质粉砂岩夹透镜体体状分布的粉砂质泥岩、细砂岩、疏松砂岩、砾岩。整体岩层产状 130°～150°∠5°～15°。据区域地质资料，该层总厚度约 707m，主要基岩岩性特征如下。

3-1-0 层强风化泥质粉砂岩（K_2hn^3）：为紫红色，钙泥质胶结，以软岩为主，岩体较破碎为主，单轴饱和抗压强度一般为 2.0～3.0MPa，中厚层状，钻孔揭露厚度为 0.3～10.8m；锤击声哑易碎，遇水软化，失水可见细裂纹，层理发育，节理少发育；强分化带

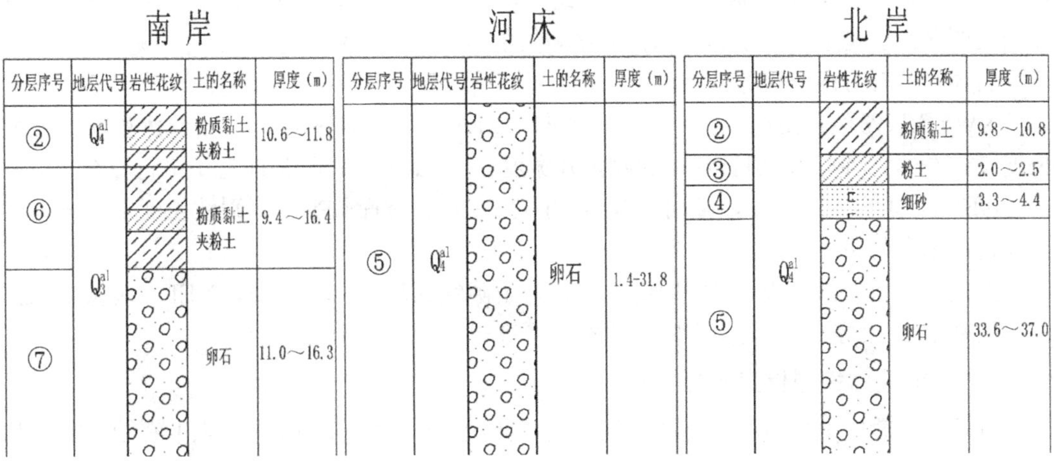

南岸

分层序号	地层代号	岩性花纹	土的名称	厚度 (m)
②	Q_4^{al}		粉质黏土夹粉土	10.6~11.8
⑥	Q_4^{al}		粉质黏土夹粉土	9.4~16.4
⑦	Q_3^{al}		卵石	11.0~16.3

河床

分层序号	地层代号	岩性花纹	土的名称	厚度 (m)
⑤	Q_4^{al}		卵石	1.4-31.8

北岸

分层序号	地层代号	岩性花纹	土的名称	厚度 (m)
②			粉质黏土	9.8~10.8
③			粉土	2.0~2.5
④			细砂	3.3~4.4
⑤	Q_4^{al}		卵石	33.6~37.0

图 6.49　各地段覆盖层典型剖面示意图

揭露厚度 0.3~10.8m，下限高程 2.5~27.8m，岩石基本质量等级为 V 级，土石等级为 V 级，土石分类为松石。

3-2-0 层中风化泥质粉砂岩（K_2hn^3）：为紫红色，钙泥质胶结，软岩，单轴饱和抗压强度一般为 5.0~6.0MPa，岩体较完整，中厚层~厚层，钻孔揭露厚度为 0.8~22.8m；锤击声哑易断，遇水易软化，失水可见细裂纹，层理发育，节理少发育；中风化带揭露厚度 0.8~22.8m，下限高程 -12.5~18m，岩石基本质量等级为 Ⅳ 级，土石等级为 V 级，土石分类为松石。

3-3-0 层微风化泥质粉砂岩（K_2hn^3）：为紫红色，钙泥质胶结，软岩，单轴饱和抗压强度一般为 5.0~8.0MPa，岩体完整，中厚层~厚层，钻孔未揭穿；锤击声哑易断，遇水易软化，失水可见细裂纹，层理发育，节理少发育，岩石基本质量等级为 Ⅳ 级，土石等级为 V 级，土石分类为松石。

红花套组地层中发育有如下岩石透镜体。

疏松砂岩（K_2hn^3）：灰黄色、橘红色，属半成岩透镜体，极软岩，单轴饱和抗压强度一般为 1.0~2.0MPa，岩体完整，取芯轻锤即散；钻孔揭露厚度 0.1~8.7m，下限高程 -21.5~4.7m，岩石基本质量等级为 Ⅳ 级，土石等级为 V 级，土石分类为松石。

细砂岩（K_2hn^3）：灰白色、灰绿色，属软岩~极软岩透镜体，单轴饱和抗压强度一般为 2.3~5.0MPa，岩体完整，多为透镜体；锤击声哑，轻微回弹；失水产生少量细裂纹；钻孔揭露厚度 0.3~3.9m，下限高程 -27.1~17.1m，岩石基本质量等级为 Ⅳ 级，土石等级为 V 级，土石分类为松石。

砾岩（K_2hn^3）：杂色，泥钙质胶结，属软岩~极软岩透镜体，取芯呈短柱状、柱状，角砾呈棱角状，锤击声哑易断；含量较少，钻孔仅揭露一处，钻孔揭露厚度 3.9m，下限高程 -18.1m，岩体较完整，岩石基本质量等级为 Ⅳ 级，土石等级为 V 级，土石分类为松石。

（6）地质构造

工程区在地质构造部位上处于黄陵背斜与江汉坳陷间的宜昌单斜凹陷的西缘。基岩构造变形轻微，构造形迹简单，为单斜成层构造。工程区地层产状 130°~150°∠5°~15°，

走向 $40°\sim60°$，倾向 SE，倾角 $5°\sim15°$。地质测绘及调查未发现断层分布，勘探钻孔范围亦未见明显断层构造，对于钻孔未揭露区域可能存在断层发育。

岩体内发育有两组裂隙。

NW～NNW 组：走向 $320°\sim350°$，倾向 NEE，倾角 $40°\sim70°$；裂面起伏粗糙、裂隙长度 $5\sim10m$，受卸荷作用影响，裂隙张开宽度 $0.5\sim1.5cm$；与长江近于平行分布。

NE 组：走向 $35°\sim55°$，倾向 SE，倾角 $20°\sim50°$；裂面较平直，裂隙长度 $1\sim3m$，与长江近于垂直分布。

上述两组裂隙以 NW～NNW 组最发育，裂隙线密度 $2\sim3$ 条/m，NEE 组裂隙次之，裂隙线密度 $1\sim2$ 条/m，其他方向裂隙不甚发育。

6.3.2 三维地质模型信息数据

有效地质数据主要包括：钻孔数据，钻孔共 22 个（陆上孔 10 个，水上孔 12 个），其中一般性钻孔 14 个，控制性钻孔 8 个。两岸竖井部位各布置了 4 个钻孔（钻孔布置于竖井周围外），隧道轴线部位布置了 14 个钻孔（12 个水上孔，2 个陆上孔），钻孔布置于隧道轴线两侧 20m 处，呈锯齿形交错布置，1：500 长江盾构隧道地质工程平面图。基于平面图及钻孔数据，实现长江盾构隧道三维地质建模。

钻孔数据采用数据库管理系统建立，数据库建立后利用三维地质建模软件提供的数据库接口工具，将钻孔数据导入并参与到建模中，可展现钻孔在三维空间的分布情况。

6.3.3 三维地质模型建立

本次建模范围为长江盾构隧道、竖井及两侧区域，模型面积为 $1.02km^2$，模型底高程为 $-30m$，以 22 个钻孔和 1 条隧道轴线工程地质剖面图为基础，建立长江盾构隧道三维地质模型，如图 6.50 所示。

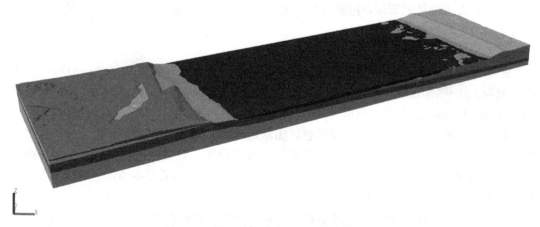

图 6.50　长江盾构隧道工程三维地质模型

（1）构建地表面

基于平面图＋钻孔数据构建地表面，以 1：500 长江盾构隧道工程地质平面图为基础，辅以钻孔坐标数据，生成地形面。地形网格均匀化设置为 $20m\times20m$，生成 TIN 模型，如图 6.51 所示。

由于北岸堤防的修建及防护加固工程活动，对其浅水区进行了大量的卵石采集开挖，因此在北侧河床中形成了较多沟、坑、垄、滩等新的复杂地形地貌，北岸河床呈现凹凸不平状。

图 6.51　长江盾构隧道工程地表模型

（2）构建长江地表水模型

基于平面图的水涯线＋河水位构建长江地表水模型。由于工程地质调查期为枯水期，构建地表水模型采用枯水期实测水位 36.50m，北岸由于工程活动，部分河床河沙已高于河水面出露，均已在模型中展示，如图 6.52 所示。

图 6.52　长江盾构隧道工程地表水模型

（3）构建地层模型

基于钻孔数据＋平面图＋隧道轴线工程地质剖面图构建地层模型。根据钻孔揭露地层信息及平面图中的地表地层信息，构建三维土层体模型，分别建立 1-1-0 层粉质黏土（Q_4^{al}）、1-2-0 层卵石（Q_4^{al}）、2-1-0 层粉质黏土夹少量粉土（Q_3^{al}）、2-2-0 层卵石（Q_3^{al}），如图 6.53 所示。

根据钻孔揭露地层信息构建三维岩层体模型，分别建立 3-1-0 层强风化泥质粉砂岩（K_2hn^3）、3-2-0 层中风化泥质粉砂岩（K_2hn^3）、3-3-0 层微风化泥质粉砂岩（K_2hn^3），如图 6.54 所示。

将钻孔揭露底层信息结合隧道轴线工程地质剖面图，构建岩石透镜体，分别构建疏松砂岩（K_2hn^3）、细砂岩（K_2hn^3）和砾岩（K_2hn^3）。由于岩层产状 130°～150°∠5°～15°，因此透镜体的产状根据隧道轴线工程地质剖面图进行约束，如图 6.55 所示。构建成功后，

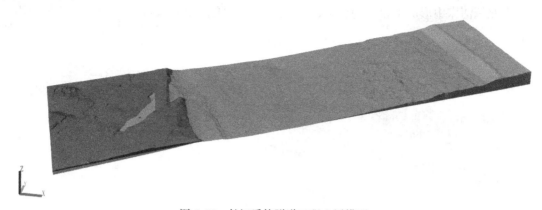

图 6.53　长江盾构隧道工程土层模型

图 6.54　长江盾构隧道工程岩层模型

利用模型开挖功能将透镜体在地层体中进行开挖，确保模型完整性。

图 6.55　长江盾构隧道工程透镜体夹层模型

（4）建立构筑物模型

根据隧道和竖井设计方案，南岸竖井 $\phi14m$，北岸竖井 $\phi16m$，隧道洞径 4.25m，在 AutoCAD 中采用放样的方式构建盾构隧道与竖井模型实体，通过三维地质建模软件的功能，转为 TIN 数据格式的洞室模型，如图 6.56 所示。

（5）三维地质模型的构筑物开挖

在三维地质模型中，导入隧道与竖井三维实体模型进行开挖，通过开挖出的洞室模型

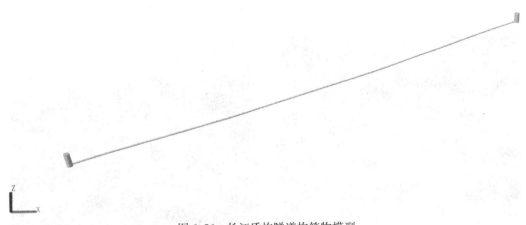

图 6.56　长江盾构隧道构筑物模型

可直观显示出构筑物所处地层的岩体发育情况，通过开挖后的三维地质模型可直观了解洞室的围岩发育情况，如图 6.57 所示。

图 6.57　长江盾构隧道构筑物开挖地质模型

6.4　燕窝岩隧道工程三维地质建模

6.4.1　工程概况

（1）交通位置

拟建燕窝岩隧道位于四川省宣汉县普光镇及毛坝镇境内，进洞口位于普光镇净化村 8 组环家潭，仅有可供人行的小道经过；出洞口位于毛坝镇堰口村 11 社黄家湾，有机耕路可达出口附近，隧址区总体交通不便。

（2）地形地貌

隧址区属于构造剥蚀及河流侵蚀深丘～低山地貌，沟谷与山脊相间。沟谷多呈 "V" 字形，大小及切割深度不一，为地表水的排泄通道，规模较大及底部宽缓的冲沟多为人类居住及耕作的区域。山脊及山峰顶部窄小，局部较平缓地带为人类居住及耕作区。场区地形坡度较陡，地形坡角一般在 15°～35° 之间。隧道轴线处地形起伏呈一 "M" 字形，最低高程约 341.0m，最高高程约 756m，相对高差约 415m。

进洞口位于低山坡脚处，后河右岸（距离后河约 58m），紧贴着隧道入口有一小平台，为当地居民住房用地。地形呈单面斜坡状，朝南倾斜，地形较陡，坡度角约 25°～38°，局部可见基岩裸露。地形地貌特征如图 6.58（a）所示。

出洞口位于低山中部一岩质陡坎下，陡坎坡度角约 50°。出洞口外侧为农田，地形较平缓，呈台阶状，整体坡度角一般在 5°～20° 之间。出洞口北侧约 59m 为一冲沟，切割深度约 5m，常年有水流。出洞口地形地貌特征如图 6.58（b）所示。

(a) (b)

图 6.58　隧道进出洞口地貌

（a）隧道进洞口地貌；（b）隧道出洞口地貌

（3）地层岩性

经工程地质测绘与钻探揭露，隧道穿越段的地层为：第四系（Q_4）土层及侏罗系中统沙溪庙组（J_2s）、新田沟组（J_2x）的岩层。现由新至老分述如下。

1）第四系土层（Q_4）。

残坡积层（Q_4^{el+dl}）：主要分布于进出洞口及洞身段的斜坡地带，紫红色，硬塑～可塑状，干强度中等，韧性中等，切面稍具光泽，上部含植物根系，局部地段夹有少许砂泥岩碎石，直径 0.5～5cm，含量约占 15%。厚度一般 0.80～4.60m。

崩坡积层（Q_4^{c+dl}）：为碎块石土，主要分布于洞身穿越段及出洞口陡崖下部，主要成分为砂岩块石、碎石及粉质黏土，直径一般 20～200cm，含量 50%～65% 不等，均匀性差，空间分布不均，厚 7.30～21.30m。

2）侏罗系中统沙溪庙组（J_2s）、新田沟组（J_2x）。

侏罗系中统沙溪庙组（J_2s）：岩性以砂质泥岩、泥质砂岩为主夹细粒～中粒砂岩；砂质泥岩、泥质砂岩呈紫红色、暗紫红色及深灰色，中厚层状，泥粒、砂粒含量变化大，这两种岩性多呈互层状产出；细粒～中粒砂岩为灰、灰白色，矿物成分主要为石英、长石及少量云母，钙泥质胶结，细～中粒结构，厚层状构造。

侏罗系中统新田沟组（J_2x）：岩性以砂质泥岩、泥质砂岩为主夹厚层状中粒砂岩；砂质泥岩、泥质砂岩常呈互层状产出，黄灰色、灰绿色局部夹少量紫红色条带，中厚层状，泥粒、砂粒含量变化大；中粒砂岩为灰白色、深灰色，主要矿物成分为石英、长石及少量云母，钙泥质胶结，中粒结构，厚层状构造。

（4）地质构造及地震效应

1）区域地质构造。

隧址区地处四川盆地北东侧边缘，属于新华夏构造体系川东褶带北段即黄金口背斜，形成于喜山早期。由一系列北东～北北东向不对称褶皱组成，一般为南东翼陡，北西翼缓，轴面有扭曲。背斜成山较紧密，多为长条梳状或箱状；向斜成谷较开阔，组成隔断式构造。背斜与山脉同向，山体较雄伟。断裂多发育在背斜轴部及靠轴翼部和倾伏端，多为压性，少数为压扭性。

拟建隧道穿越了黄金口背斜构造体系。黄金口背斜构造体系从宣汉罗家坪往北东经毛坪延致铁矿坝受北西向构造阻挡而消失。全长45km，轴向北50°～60°东。从总体上看是一个背斜，从南至北由罗家坪，付家山，灯笼坪，金树湾，盐井坝及官渡等背斜组成，呈右列展布。背斜狭长不对称，南东翼倾角60°～80°，北西翼20°～35°，略具箱形特征。由侏罗系中统新田沟组到上沙溪庙组组成。次级褶皱发育，在灯笼坪、马马上、毛坪一带有三个次级褶曲呈右行斜列在主背斜上。和背斜伴生的断层有核树坪逆断层＜1＞、灯笼坪逆断层＜2＞。分布在背斜北西翼，走向与背斜同向，倾向NW，倾角分别为80°和60°。分别长4.7km。

黄金口背斜与邻近的构造体系呈互限关系：大巴山外弧褶带的草坝场鼻状背斜、五龙山鼻状背斜等形迹，被黄金口背斜分隔于西翼，在铁矿坝又受大巴山内弧褶带限制。限制规律为早期限制晚期，强者限制弱者。根据构造形迹上看黄金口背斜可能受到了北西向弧形构造的制约而偏东。

上述构造体系的发育痕迹特性表明，隧道线穿越区主要为新华夏系构造体系川东褶带北段的黄金背斜体系，与周围的构造体系呈互限关系，构造体系较单一，但黄金背斜体系次级褶皱较发育且伴生有小规模的断层，局部地表产状变化较大，因此隧道穿越区局部地段地层受构造作用的影响中等。

2）隧址区地质构造。

拟建燕窝岩隧道自南向北主要穿越了黄金口背斜体系中的黄金口背斜（隧址区称灯笼坪背斜）、背斜伴生的灯笼坪逆断层＜2＞、次级褶皱燕窝岩向斜、背斜。

黄金口背斜（灯笼坪背斜）：在隧址区称灯笼坪背斜，其轴部位与隧道相交于隧道里程约K0+863.5m处，轴向北50°～60°东，南东翼倾角60°～86°，北西翼倾角35°～46°。

灯笼平逆断层＜2＞：为背斜伴生的断层，走向与背斜同向，倾向NW，倾角为60°，由于其产状与岩层产状基本一致且倾向相同，且在本区内地层岩性较单一，因此地表出露的痕迹并不明显；在灯笼坪及跳河村附近砂岩中可见断裂中充填的糜砾岩及强烈的褶揉迹象；根据调查，地表处断层破碎带（糜砾岩及强烈的褶揉带）宽度较小，一般小于3m；根据地震波法异常范围的显示，与隧道交汇处断层造成的影响范围宽约60m；断层位于黄金口背斜北西翼，次级褶带燕窝岩向斜近核部地区，根据其切割地层和构造的水文地质条件看，断层富水性中等。

燕窝岩向斜：为黄金口背斜的次级褶皱，走向与黄金口背斜构造体系一致；推测其轴部与隧道相交于隧约K2+020附近，轴向北50°～60°东，南东翼倾角35°～46°，北西翼倾角30°～50°。

燕窝岩背斜：为黄金口背斜的次级褶皱，走向与黄金口背斜构造体系一致；推测其轴部与隧道相交于隧约K2+527附近，轴向北50°～60°东，南东翼倾角30°～50°，北西翼倾角25°～35°。

黄家湾背斜：为新华夏构造体系和大巴山外弧褶皱带的复合，隧道穿越段走向与黄金口背斜构造体系一致，轴向北50°～60°东，向西逐渐偏向西北方向从而与大巴山外弧褶皱带走向相吻合，整个背斜平面形态呈半圆状，构造形态近似于帚状；南东翼倾角35°～

45°，北西翼倾角 25°~0°，推测其轴部与隧道相交于隧约 K2＋550 附近。

6.4.2　三维地质模型信息数据

（1）基础数据

有效地质数据主要包括：钻孔数据，共 12 个，其中进洞口段 3 个、洞身段 6 个、出洞口段 3 个，勘探孔布设于隧道轴线两侧 3~5m 处。1：500 工程地质测绘平面图，测绘范围为横向上隧道两轴线两侧各 100m，纵向轴线两侧各 100m，测绘面积约 0.10km^2。基于平面图、钻孔数据及隧道轴线剖面图，实现燕窝岩隧道三维地质建模。

钻孔数据采用数据库管理系统建立，数据库建立后利用三维地质建模软件提供的数据库接口工具，将钻孔数据导入并参与到建模中，可展现钻孔在三维空间的分布情况。

（2）褶皱数据

根据工程地质测绘成果、地球物理勘探结果，确定褶皱的核部地层、轴向和两翼。

（3）断层数据

根据工程地质测绘成果，结合地震波法异常范围的显示，推测断层发育范围，绘制平面图及剖面图中断层的发育情况。

6.4.3　三维地质模型建立

本次建模范围为燕窝岩隧道工程及两侧区域，模型面积为 0.10km^2，模型底高程为 300m，以 14 个钻孔和 1 条隧道轴线工程地质剖面图为基础，建立燕窝岩隧道三维地质模型。

（1）基于平面图＋钻孔数据构建地表面

以 1：500 燕窝岩隧道工程地质平面图为基础，辅以钻孔坐标数据，生成地形面。地形网格均匀化设置为 20m×20m，生成 TIN 模型，如图 6.59 所示。

图 6.59　燕窝岩隧道工程地表模型

（2）构建地质模型

根据钻孔揭露地层信息及平面图中的地表地层信息，构建三维土层体模型，如图 6.60 所示。

根据钻孔揭露地层信息、隧道轴向剖面图的地层划分及褶皱发育的轴向、两翼产状，构建三维岩层体模型，如图 6.61 所示。

图 6.60　燕窝岩隧道工程土层模型

根据平面图的断层走向及断层产状，建立断层体模型，为模型中深色块体。

图 6.61　燕窝岩隧道工程三维地质模型

（3）三维地质模型的隧道开挖

在三维地质模型中，以隧道轴线为基准设置生成三维隧道结构，通过开挖出的洞室模型可直观显示出构筑物所处地层的岩体发育情况，通过开挖后的三维地质模型可漫游了解洞室的围岩发育情况，如图 6.62 所示。

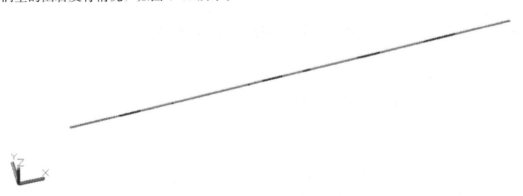

图 6.62　燕窝岩隧道开挖地质模型

（4）围岩级别划分（表6.2）

隧道围岩级别划分   表 6. 2

分布里程	分布长度(m)	围岩综合划分级别
K0+00～K0+065	65	V
K0+065～K0+322	257	IV
K0+322～K0+450	128	III
K0+450～K1+216	766	IV
K1+216～K1+323	107	III
K1+323～K1+764	441	IV
K1+764～K1+829	65	V
K1+829～K1+910	81	III
K1+910～K2+186	276	IV
K2+186～K2+275	89	III
K2+275～K2+636	361	IV
K2+636～K2+699.27	63.27	V

通过开挖出的隧道所处地层的岩体发育情况，结合围岩等级划分标准，判定隧道围岩级别里程分布，录入三维地质建模软件系统，生成隧道围岩等级模型，如图 6.63 所示。

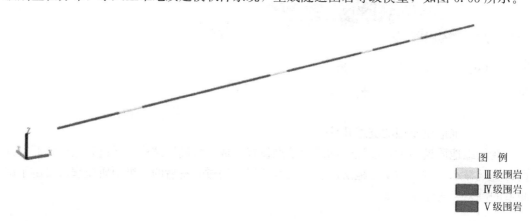

图 例
▮ III级围岩
▮ IV级围岩
▮ V级围岩

图 6.63　燕窝岩隧道围岩分级模型

第 7 章
三维地质建模存在的难点及趋势

7.1 三维地质建模存在的难点

（1）三维地下空间数据收集

三维复杂地质对象的建模和可视化主要取决于原始输入数据的质量。钻孔是三维地质建模中必不可少的勘探数据，但由于地质对象的复杂性、钻探的高成本性及钻探施工人员的安全性，在地质勘查中钻探的数量往往非常有限。如果仅仅依靠有限的钻探数据，地质分析人员只能获取一些非常不全面、有时甚至是相互冲突的信息，导致建模结果不够精确，同时，由于所获取的数据解释模糊，使得模型的建立非常困难，导致无法客观准确地描述整体区域内的地质构造和空间属性的变化特征。

（2）地质主体与约束之间空间关系的复杂性

在传统的二维映射中可以忽略的错误在三维建模中是不可接受的。在三维地质建模过程中，绘图元素存在诸多变化。例如，从二维的点和线元素过渡到三维的点和线元素可能会产生许多错误。此外，在三维网格生成过程中还可能产生错误。其中，三维表面建模过程中的交集和约束在二维情况下会产生小误差，对三维建模极为敏感。例如，在地层轮廓和断层线交叉口的未确定线或过度扩展线在二维映射中可以忽略，但在三维建模中，它可能导致在查找断层线和轮廓线的交叉高程时出现故障。这甚至可能导致地层界面和断层平面的三角网络中的错误。对于一个真正的三维地质结构来说，断层的切割使得地质体及其空间关系极其复杂。由于地质主体包含多值地质现象，如反向断层、反转和折叠，因此数据结构、拓扑关系和相应的算法的复杂性将增加。在这些领域仍然存在问题，这些问题缺乏成熟的解决方案。

（3）建模程序的复杂性

地质构造存在固有的复杂性、不连续性、不确定性等客观因素，三维地质建模的应用方向也大相径庭。因此，这些问题使得三维地质模型的建立缺乏系统完整的理论和技术。目前，商用三维地质建模程序的处理还过于复杂，大多数基层的工程工作人员不能掌握建模技术，数据采集和实时更新方面存在许多问题。此外，对三维地质建模过程的认识也不统一，关于三维地质建模过程中的许多共同要点，论述和总结还不够完整。因此，解决上述难题的关键是研究合理的三维空间数据模型，开发高效的建模方法，开发便捷的模型操作算法。此外，还需要解决三维可视化问题，使模型更加经济、简单，便于使用者操作和观察。

7.2　三维地质建模发展趋势

（1）充分利用三维地下空间数据

根据地质剖面图、勘察报告等其他资料及个人经验推断建立虚拟钻孔，增加了地质模型的精度，也缩短了地层面拟合的计算时间。在地质建模过程中虚拟钻孔与实际钻孔基本没有差别，可以在地表的任意位置建立，尤其是在各种地质对象的确切位置难以确定的开挖面和涉及地层尖灭的不连续地层，虚拟钻孔的作用显得尤为重要。采用新技术，提高精度，是推进 3D 地质可视化技术的重要步骤，从而三维地质建模将越来越依赖于各种地球物理数据。因此，直接利用各种地球物理数据结果，甚至参与地球物理数据的实时解释和地质模型的实时更新，将成为 3D 地质建模研究的热门课题。

（2）建立合理的基本三维数据模型

地质目标不同，建模要求也是不断变化的，每个模型都有其自身的优点和缺点。因此，很难使用统一的数据模型来表达和管理真实的 3D 地质数据。三维空间数据模型的研究应基于针对性、目的性、简单性和实用性。具体来说，应该从四个方面进行研究：①对于模型设计，应充分注意参与建模的数据源、格式和分布等；②应用的三维数据模型通常分为几何对象模型、属性对象模型和拓扑关系模型，需要开发模型以正确描述建模对象的特征、形状和类型；③建立空间对象的目标是满足实际需要，具有不同要求的建模将具有不同的空间对象重点，因此应提供不同的三维空间数据模型；④模型操作功能主要包括模型编辑、三维重建、空间分析和三维可视化。不同类型的三维数据模型在支持三维模型的操作方面差异很大，因此设计模型需要促进模型操作功能的实现。通用数据模型已然发展为非必需的，应提倡采用混合数据模型，大力发展在不同研究领域和具有不同应用目的的研究。

（3）三维地质体的快速建模和局部动态更新技术

三维地质主体的建模速度决定了三维地质信息系统的实际性能。理想情况下，软件系统可以实现相当复杂的地质体和地质过程的全自动建模，但至今尚未完全实现。为了提高三维地质信息系统的实用性，有必要研究三维地质主体的快速建模方法。这项工作需要包括一些关键技术问题，如：如何提供方便快捷的交互式建模工具，以及如何在收缩条件下实现三维地质体模型的自动或半自动建模。

地质体的三维模型是在有限的地质数据基础上，对未知的地质现象、地质过程和地质体的一种先验表达。随着勘探工作的不断深入，勘探数据也需要不断完善。相应地，应更新和调整基于较粗糙地质数据的地质构体三维可视化模型，以便更准确地描述地下结构、地质构造、地质过程和地质功能的组成。三维静态建模方法与动态建模方法的本质区别在于模型能否快速更新和重建。地质地体和地质现象的探索是一个渐进的过程，需要模型的增量不断改进，从而实现三维地质模型的局部快速动态更新。因此，要妥善解决这一问题，必须进一步加强对三维数据结构及相关实体重建方法的研究。

（4）大规模三维数据存储和调度

随着三维扫描技术和地球物理探测技术的发展，三维空间的数据量急剧增加，数据规模越来越大。因此，如何快速存储和检索这一庞大的三维地质数据已成为复杂地质可视化的基础。以表面三维激光扫描数据为例，几何数据量通常比普通表面 DEM 数据大几十倍甚至数万倍。这一事实加上相关的属性数据和拓扑关系数据，数据量已远远超过传统的三维空间数据管理和处理能力。同时，由于大数据量的图形环境模型，对图形处理提出了越来越高的要求，对计算机的硬件性能和处理能力也要求更高。因此，必须建立有效的方法来存储和管理大量的 3D 地质数据。其中，自适应多级缓存法、多线程动态调度法、多级 3D 空间索引技术的引进，都是对这些问题的积极探索。

参考文献

[1] 白芸，朱鹏飞，马恒，等．云际铀矿床三维地质模型构建及分析［J］．铀矿地质，2021，37（04）：653-663.

[2] 陈国良，吴佳明，钟宇，等．基于 IFC 标准的三维地质模型扩展研究［J］．岩土力学，2020，41（08）：2821-2828.

[3] 陈麒玉，刘刚，何珍文，等．面向地质大数据的结构-属性一体化三维地质建模技术现状与展望［J］．地质科技通报，2020，39（04）：51-58.

[4] 陈洲．复杂地质条件下金矿矿体形态分析及建模［D］．贵州大学，2015.

[5] 程泽华．基于 WebGL 的地质三维模型构建及可视化方法研究［D］．中国地质大学，2020.

[6] 崔兆东．基于断面的三维地质建模在隧道工程中的应用研究［D］．西南交通大学，2019.

[7] 崔兆东，冷彪，朱泳标，等．基于地质横剖面的隧道工程三维地质建模方法研究［J］．隧道建设（中英文），2020，40（03）：397-403.

[8] 戴传祇．辽宁鞍山—本溪地区 BIF 构造特征与三维建模［D］．吉林大学，2017.

[9] 邓超，何政伟，郝明，等．基于 MapGIS 的成都市城市三维地质建模［J］．地理空间信息，2020，18（07）：51-54.

[10] 杜槟．二氧化碳封存场地三维地质建模及现场注入试验研究［D］．中国地质大学，2016.

[11] 杜柯．水电工程多尺度三维地质建模及分析技术研究［J］．世界有色金属，2017（02）：213-214.

[12] 范文遥，曹梦雪，路来君．基于 GOCAD 软件的三维地质建模可视化过程［J］．科学技术与工程，2020，20（24）：9771-9778.

[13] 侯恩科，吴立新．面向地质建模的三维体元拓扑数据模型研究［J］．武汉大学学报（信息科学版），2002（05）：467-472.

[14] 花卫华．多约束下复杂地质模型快速构建与定量分析［D］．中国地质大学，2010.

[15] 黄迪．基于 BIM 的三维地质建模集成化研究［D］．兰州大学，2019.

[16] 黄蕾蕾．内蒙古乌努格吐山矿山高精度三维地质建模与评价［D］．中国地质大学，2020.

[17] 黄仁杰，余再富，李元松，等．太平隧道大型溶洞的三维地质建模方法研究［J］．路基工程，2020（01）：170-173.

[18] 黄松．山博赛金矿床地质统计学模型构建与三维成矿预测［D］．北京科技大学，2020.

[19] 荆永滨．矿床三维地质混合建模与属性插值技术的研究及应用［D］．中南大学，2010.

[20] 赖政勇．三维地质建模在岩土工程勘察中的应用分析［J］．世界有色金属，2021（06）：203-204.

[21] 李陈．基于剖面的三维复杂地质体建模技术研究［D］．成都理工大学，2018.

[22] 李诚豪，陈栋，李辉，等．基于 GOCAD 和钻孔数据的地下油库三维地层建模［J］．山西建筑，2019，45（16）：196-198.

[23] 李东弘，袁彦超，王春晓．三维地质建模技术在水利水电工程中的应用［J］．水科学与工程技术，2020（05）：41-44.

[24] 李国杰，刘莉，牛作鹏．基于 Civil 3D 的水运工程三维地质模型技术研发与应用［J］．水运工程，2021（07）：171-176.

[25] 李健，刘沛溶，梁转信，等．多源数据融合的规则体元分裂三维地质建模方法［J］．岩土力学，2021，42（04）：1170-1177.

[26] 李明超．大型水利水电工程地质信息三维建模与分析研究［D］．天津大学，2006.

[27] 李攀．三维地质建模及其在天然气水合物储量评价中的应用［D］．吉林大学，2009.

[28] 李万红．基于 AUTO Civil 3D 的三维地质建模与应用［J］．人民长江，2020，51（8）：123-129.

[29] 李文雅，李丽娟．三维地质精细化建模在古贤水利枢纽中的应用［J］．人民长江，2021，52（S1）：117-119.

[30] 李响．三维地质建模技术的研究［D］．合肥工业大学，2008.

[31] 李亚先，孔令玉．新疆某锰矿基于 Surpac 软件的三维地质建模［J］．华北自然资源，2019（06）：60-64.

[32] 刘安强，王子童．煤矿三维地质建模相关技术综述［J］．能源与环保，2020，42（08）：136-141.

[33] 刘莉，牛作鹏．基于 Civil 3D 的三维地质覆盖层建模技术及应用［J］．水运工程，2021（04）：153-157.

[34] 刘小杨．辽宁鞍山—本溪地区深部地质特征及三维地质建模［D］．吉林大学，2014.

[35] 罗辉．地下实验室新场场址地质特征研究与三维地质建模［D］．核工业北京地质研究院，2019.

[36] 罗建群，李匡雨，王昊，等．相山火山盆地三维地质结构模型的构建及分析［J］．能源研究与管理，2016（02）：29-33.

[37] 马宁．黑河流域中游盆地三维水文地质结构模型构建［D］．中国地质大学，2019.

[38] 孟凡利．基于钻孔数据的三维地层模型构建方法研究［D］．西安科技大学，2006.

[39] 牛贝贝，姚振国，王宏飞，等．基于 ItasCAD 三维地质模型的工程地质条件分析［J］．水科学与工程技术，2020（01）：34-37.

[40] 潘雅静．三维 GIS 在地质建模方面的研究与发展［J］．土工基础，2020，34（06）：681-684.

[41] 秦森强．浅谈三维地质建模技术在油田基础地质研究中的应用［J］．化工管理，2018（24）：129.

[42] 冉祥金．区域三维地质建模方法与建模系统研究［D］．吉林大学，2020.

[43] 仝岩．甘肃北山地区三维地质模型构建［D］．中国地质大学，2020.

［44］ 时洪斌，刘保国．水封式地下储油洞库人工水幕设计及渗流量分析［J］．岩土工程学报，2010，32（01）：130-137.

［45］ 汪淑平，王伟，孙黎明，等．基于地质剖面数据的含断层地质体三维建模方法［J］．测绘地理信息，2016，41（03）：59-63.

［46］ 王甲怡，成远渡，马莎，等．基于虚拟钻孔的城市三维地质模型构建方法［J］．工程勘察，2021，49（06）：46-52.

［47］ 王敬谋．三维地质建模及岩层自动划分与对比技术研究［D］．安徽理工大学，2018.

［48］ 王明华．工程岩体三维地质建模与可视化研究［D］．中国科学院研究生院（武汉岩土力学研究所），2004.

［49］ 王威．基于网格快速重构的三维地质体建模研究与应用［D］．中国科学院研究生院（武汉岩土力学研究所），2010.

［50］ 王云飞，杨国平，崔年治，等．基于正向 BIM 的工程勘察 CAD 软件研究［J］．工程勘察，2021，49（07）：55-59.

［51］ 王诏，刘展，安聪荣，等．基于剖面的三维断层建模方法［J］．西安石油大学学报（自然科学版），2015，30（06）：50-54.

［52］ 翁正平．复杂地质体三维模型快速构建及更新技术研究［D］．中国地质大学，2013.

［53］ 吴腾飞．基于钻孔数据的成都中心城区三维地质建模方法及应用研究［D］．西南交通大学，2020.

［54］ 薛涛，史玉金，朱小弟，等．城市地下空间资源评价三维建模方法研究与实践：以上海市为例［J］．地学前缘，2021，28（04）：373-382.

［55］ 杨凯．黄岛国家石油储备地下水封洞库工程水幕系统施工关键技术研究［D］．山东大学，2014.

［56］ 杨洁．基于 GIS 的地下水封洞库宏观选址评价［D］．中国地质大学，2014.

［57］ 易三美．基于 BIM 的三维地质建模与数值模拟一体化应用研究［D］．湖北工业大学，2020.

［58］ 岳攀．基于不确定性分析的水电工程地质构造建模理论与方法研究［D］．天津大学，2016.

［59］ 詹林．三维地质模型可视化方法及应用研究［D］．成都理工大学，2009.

［60］ 张彬，霍东平，彭振华，等．基于 GIS 的中国东部沿海地区地下水封油库建造适宜性研究［J］．工程地质学报，2015，23（04）：801-808.

［61］ 张洪飞，周朝慧，宋云龙，等．多元数据耦合的岩土勘察 BIM 模型技术研究［J］．地理空间信息，2021，19（06）：86-88.

［62］ 张文彪，段太忠，赵华伟，等．断控岩溶体系空间结构差异性与三维建模——以顺北 1 号断裂带为例［J］．科学技术与工程，2021，21（28）：12094-12108.

［63］ 张岩，郑智君，鲁改欣，等．三维地质建模与数值模拟技术在裂缝型有水气藏开发中的应用［J］．天然气地球科学，2010，21（05）：863-867.

［64］ 张园园，何欣，杜红旺．北京市通州区工程建设层三维地质建模应用［J］．城市地

质，2021，16（03）：260-266.

[65] Liang-feng Z, Ming-jiang L, Chang-ling L, et al. Coupled modeling between geo-logical structure fields and property parameter fields in 3D engineering geological space [J] . Engineering Geology，2013，167：105-116.

[66] Pan D, Xu Z, Lu X, et al. 3D scene and geological modeling using integrated multi-source spatial data：Methodology, challenges, and suggestions [J] . Tun-nelling and Underground Space Technology，2020，100：1-19.

[67] Panagopoulos G, Soupios P, Vafidis A, et al. Integrated use of well and geophysi-cal data for constructing 3D geological models in shallow aquifers：a case study at the Tymbakion Basin, Crete, Greece [J] . Environmental Earth Sciences，2021，80（4）：1-17.

[68] Shao Y, Zheng A, He Y, et al. 3D geological modeling and its application under complex geological conditions [J] . Procedia Engineering，2011，12：41-46.

[69] Ziming X, Jiateng G, Yuanpu X, et al. A 3D Multi-scale geology modeling method for tunnel engineering risk assessment [J] . Tunnelling and Underground Space Technology incorporating Trenchless Technology Research，2018，73：71-81.